Elena Serea

Efeitos e soluções da poluição luminosa

Elena Serea

Efeitos e soluções da poluição luminosa

Iluminação Pública Sustentável

Imprint
Any brand names and product names mentioned in this book are subject to trademark, brand or patent protection and are trademarks or registered trademarks of their respective holders. The use of brand names, product names, common names, trade names, product descriptions etc. even without a particular marking in this work is in no way to be construed to mean that such names may be regarded as unrestricted in respect of trademark and brand protection legislation and could thus be used by anyone.

Cover image: www.ingimage.com

This book is a translation from the original published under ISBN 978-620-6-14361-1.

Publisher:
Sciencia Scripts
is a trademark of
Dodo Books Indian Ocean Ltd. and OmniScriptum S.R.L publishing group

120 High Road, East Finchley, London, N2 9ED, United Kingdom
Str. Armeneasca 28/1, office 1, Chisinau MD-2012, Republic of Moldova, Europe
Printed at: see last page
ISBN: 978-620-5-78891-2

ÍNDICE

INTRODUÇÃO

A poluição luminosa, definida como a presença excessiva de luz artificial antropogénica em condições normais de escuridão, tem sido abordada nos últimos 20 anos, principalmente em relação ao ambiente externo [1,2]. Embora todo o galope tecnológico recente traga vantagens inegáveis e maior conforto para todos os utilizadores, os problemas relacionados com os efeitos negativos que uma utilidade básica como a iluminação, pode ter sobre o ambiente e a astronomia, começaram a surgir e a ser trazidos à discussão em fóruns, comités, associações especializadas. A pressão na abordagem deste tópico veio de investigadores que identificaram e demonstraram passo a passo as ligações entre iluminação exterior excessiva e disfuncionalidades específicas do ecossistema e entre a iluminação interior (incluindo a luz do ecrã) e certos problemas de saúde da população. Estudos iniciados em 2009 demonstraram que a exposição excessiva à iluminação artificial causa perturbações do ritmo circadiano [3]. Mais tarde foi demonstrado que a presença de luz azul artificial (o componente com um comprimento de onda entre 450 e 495 nm) inibe a secreção de melatonina, causando não só perturbações do sono, mas em alguns casos também o aparecimento de cancro [4]. Assim, em 2011 a OMS classificou o trabalho por turnos como possivelmente cancerígeno [5]. Infelizmente, as condições de isolamento e trabalho em linha a que fomos submetidos durante a pandemia de COVID-19 aumentaram a exposição à luz artificial, tanto de fontes de iluminação eléctrica como da emissão específica para monitores, ecrãs de dispositivos electrónicos (telefones [6], computadores [7], comprimidos, televisores). A duração da exposição é directamente proporcional à degradação do estado mental, devido à alteração das funções neurais envolvidas na regulação das emoções e do humor [8, 9].

Actualmente não existe nenhuma norma que estabeleça com precisão os limites do nível de poluição luminosa, mas apenas recomendações, medidas e resoluções relacionadas com a redução da poluição luminosa no exterior [10]. O Conselho da Europa emitiu uma resolução (1776/2010) a este último respeito [11], e nos EUA algumas medidas foram introduzidas na lei em 2021 [12]. Mas o problema da poluição luminosa, como uma preocupação para além de outros temas de poluição, está longe de estar sob controlo mundial.

ABREVIATURAS E DEFINIÇÕES

CIE - The International Commission on Illumination - também conhecida como CIE do seu título francês, a Commission Internationale de l'Eclairage (a autoridade internacional para a luz, iluminação, cor e espaços de cor, estabelecida em 1913 como sucessora da Comissão Fotométrica Internacional);

IES - Sociedade de Engenharia Iluminadora;

ANRE - Autoridade Reguladora Nacional da Energia;

CNRI - Comité Nacional Romeno de Iluminação;

KNX - um padrão aberto para a automação de edifícios comerciais e domésticos;

A marca ENEC (European Norms Electrical Certification) é uma marca de segurança europeia com condições de teste uniformes em toda a Europa.

A marca CE (Communautés Européennes, Comunidade Europeia) não é uma marca de ensaio como a ENEC ou outras marcas de qualidade nacionais, mas uma marca de conformidade, ao abrigo das Directivas 2014/30/UE e 2014/35/UE.

EA-MLA (Acordo Multilateral EA) é o acordo europeu, através do qual as partes signatárias reconhecem as acreditações concedidas umas às outras e os relatórios e certificados emitidos pelos organismos acreditados pelos signatários.

O código **IP** (Ingress Protection) é a resistência das luminárias contra matéria estranha, um número de dois dígitos definido pela norma IEC 60529. O primeiro dígito representa a resistência contra a matéria sólida, enquanto o segundo classifica a sua resistência contra os líquidos.

CCT - Correlated Color Temperature é uma especificação da aparência da cor da luz emitida por uma fonte de luz, relacionando a sua cor com a cor da luz de uma fonte de referência quando aquecida a uma determinada temperatura, medida em graus Kelvin (K). A classificação CCT para uma luz é uma medida geral de "calor" ou "frescura" da sua aparência.

Luminária é o dispositivo de iluminação que serve para distribuir, filtrar e transmitir a luz produzida de uma ou mais lâmpadas para o exterior, o que inclui todos os dispositivos necessários para fixar e proteger as lâmpadas, os circuitos auxiliares e os componentes eléctricos de ligação à rede eléctrica, o que assegura o funcionamento primário e estável das fontes de luz.

A lâmpada é definida como uma unidade cujo desempenho pode ser avaliado independentemente e que consiste em uma ou mais fontes de luz. Pode incluir componentes adicionais necessários para o arranque, alimentação ou funcionamento estável da unidade ou para a distribuição, filtragem ou transformação da radiação óptica, nos casos em que esses componentes não possam ser removidos sem danificar permanentemente a unidade.

A fonte de luz é o objecto ou superfície que emite radiação óptica visível produzida pela conversão de energia e que se caracteriza por um conjunto de propriedades energéticas, fotométricas e/ou mecânicas.

Os reflectores são utilizados para redireccionar a saída de luz. Os espelhos reflectores criam múltiplas imagens da fonte de luz, suportando assim um padrão de luminância relativamente uniforme na superfície iluminada.

Os refractores ou lentes prismáticas redireccionam a luz da lâmpada e do reflector e proporcionam protecção adicional contra danos. São mais comummente utilizadas em luminárias de cabeça de cobra.

As lentes permitem um maior controlo direccional da luz e são directamente instaladas nos LEDs. Semelhantes aos outros componentes mencionados, suportam o redireccionamento da luz, redução do encandeamento e protecção de entrada.

O fluxo luminoso Φ é a quantidade derivada do fluxo energético avaliado pela sua acção luminosa sobre o observador fotométrico de referência da CIE (International Commission on Illumination).

Iluminação E é a relação entre o fluxo luminoso recebido por uma superfície e a respectiva área.

Iluminância média E_m é a média aritmética das iluminâncias na superfície considerada de computação.

A iluminação mínima E_{min} é o menor valor de iluminação pontual na superfície de cálculo considerada.

A intensidade luminosa I é a relação entre o fluxo luminoso elementar emitido pela fonte e o ângulo sólido elementar na direcção dada.

Luminância L, a relação entre a intensidade elementar da luz emitida ao olho do observador e a superfície de emissão aparente.

A luminância máxima, L_{max}, é o valor de luminância mais elevado na superfície de cálculo considerada.

A luminância média, L_m, é a média aritmética das luminâncias na superfície de cálculo considerada.

A luminância mínima L_{min} - é o menor valor de luminância na superfície de cálculo considerada.

A temperatura de cor correlacionada, T_{cc}, é a temperatura do radiador integral cuja cor percebida, devido ao aquecimento, é mais semelhante, sob condições de observação especificadas, àquela percebida de um estímulo de cor com o mesmo brilho.

A uniformidade geral de iluminação U_o (E) é a relação entre a iluminação mínima e a iluminação média, ambas consideradas ao longo de toda a superfície de cálculo.

A uniformidade geral da luminância U_o (L) é a relação entre a luminância mínima e a luminância média, ambas consideradas ao longo de toda a superfície de cálculo.

A uniformidade longitudinal da luminância Ul(L) é a relação entre a luminância mínima e a luminância máxima, ambas consideradas no eixo da faixa de rodagem da zona de cálculo e no sentido do tráfego rodoviário.

A eficiência óptica de uma luminária é a relação entre o fluxo luminoso criado por uma luminária e a soma dos valores dos fluxos luminosos individuais das lâmpadas encontradas no interior da luminária.

A eficiência luminosa de uma luminária é a relação entre o fluxo luminoso emitido por uma luminária e o fluxo luminoso emitido por uma lâmpada, quando esta funciona fora da luminária em condições específicas. A eficiência luminosa coincide com a óptica no caso de lâmpadas incandescentes.

O factor de multiplicação de uma luminária é a relação entre a intensidade luminosa de uma luminária e a intensidade luminosa esférica média da sua lâmpada.

O factor de utilização do fluxo luminoso de uma luminária é a relação entre o fluxo luminoso útil e o fluxo luminoso emitido pela luminária.

O factor de conservação da iluminação é a relação entre a iluminação média num ponto útil, após algum período de utilização de uma instalação de iluminação e a iluminação média obtida nas mesmas condições com uma nova instalação de iluminação. O inverso do factor de conservação é denominado factor de depreciação da iluminação.

O ângulo de blindagem de uma luminária é o ângulo medido entre o eixo vertical e a primeira linha de visão a partir da qual as lâmpadas e as superfícies de alta luminância não são visíveis. A blindagem é uma técnica para reduzir o encandeamento através da ocultação das lâmpadas de visão directa e das superfícies de alta luminância.

O campo visual do observador é uma área angular espacial na qual um objecto pode ser percebido quando o observador olha na direcção da viagem. É delimitado por um ângulo horizontal de 90° e um ângulo vertical superior de 50-60° e respectivamente um ângulo vertical inferior de 60-70°.

O efeito **caverna preta** é uma sensação visual alcançada quando se passa de um valor de luminância muito elevado para um valor de luminância muito inferior.

O funcionamento ou utilização do **sistema de iluminação pública** é um conjunto de operações e actividades realizadas para assegurar a continuidade e qualidade dos serviços de iluminação pública em condições técnico-económicas e de segurança adequadas.

A licença é um acto técnico e jurídico, emitido pela autoridade competente, pelo qual uma pessoa colectiva recebe autorização para operar comercialmente o sistema de iluminação pública e/ou para prestar o serviço de iluminação pública.

O operador é uma pessoa colectiva detentora de uma licença de desempenho de fornecimento, emitida pela autoridade competente, que assegura a prestação do serviço de iluminação pública.

O grau de garantia no fornecimento representa o nível percentual de garantia da prestação do serviço exigido pelo utilizador, num intervalo de tempo, e é especificado no anexo ao contrato de fornecimento/prestação do serviço de iluminação pública.

Os indicadores de desempenho garantidos são os parâmetros do serviço prestado para os quais são estabelecidos níveis mínimos de qualidade e para os quais são previstas sanções na licença ou na delegação de gestão ou nos contratos de concessão, em caso de não cumprimento.

Os indicadores gerais de desempenho são os parâmetros do serviço prestado, para os quais são estabelecidos níveis mínimos de qualidade, são controlados ao nível dos operadores e que representam as condições de concessão ou retirada da licença, mas para os quais não são previstas penalizações nos contratos de delegação de gestão em caso de insucesso.

O índice do limiar TI representa o aumento do limiar da percepção visual, o que leva à cegueira desconfortável, caracterizando a cegueira causada por fontes de luz no campo visual, em relação à luminância média da via de tráfego.

A classe do sistema de iluminação define o sistema de iluminação de acordo com as características do tráfego rodoviário e a categoria da via de circulação.

Os serviços de iluminação pública são actividades de utilidade pública e de interesse económico e social geral, que se encontram sob a autoridade da administração pública local, e cujo objectivo é assegurar a iluminação de percursos veiculares, arquitectónicos, pedonais, ornamentais e festivos ornamentais, fornecidos no perímetro do município.

O sistema de iluminação das vias de circulação pedonal é um sistema de iluminação destinado exclusivamente às vias de circulação mista (carros, ciclistas, peões) ou separado para as três categorias.

O sistema de iluminação para peões é um sistema de iluminação destinado exclusivamente a vias de tráfego pedonal.

O sistema de iluminação arquitectónico é um sistema de iluminação destinado exclusivamente à valorização da iluminação de alguns monumentos artísticos ou históricos ou alguns objectivos de importância pública e/ou cultural para a comunidade local.

O sistema de iluminação ornamental festivo é um sistema de iluminação utilizado principalmente durante feriados, comemorações e outros eventos festivos, com o papel de destacar alguns dos seus próprios aspectos significativos.

O sistema de iluminação ornamental para parques e áreas semelhantes é um sistema de iluminação funcional destinado principalmente a garantir a circulação e segurança dos peões em parques, espaços de lazer, mercados, feiras, que por vezes pode ser combinado com componentes decorativos para efeito visual.

O sistema de iluminação pública é o conjunto composto por pontos de ignição, caixas de distribuição, caixas de junção, linhas de baixa tensão subterrâneas ou aéreas, fundações, postes, instalações de ligação à terra, consolas, aparelhos de iluminação, acessórios, condutores, isoladores, braçadeiras, acessórios, equipamentos de controlo, automação e medição utilizados para a iluminação pública.

O sistema de distribuição de electricidade representa a totalidade das instalações pertencentes a um operador de distribuição que inclui um conjunto de linhas, incluindo os seus elementos de apoio e protecção, estações eléctricas, postos de transformação e outros equipamentos eléctricos ligados entre si, com a tensão nominal da linha até 110 kV inclusive, destinados à transmissão de electricidade das redes de transmissão eléctrica ou dos produtores para as próprias instalações dos consumidores de electricidade.

O fornecimento eléctrico, distribuição, painel de ligação/desconexão é um conjunto físico unitário que pode conter, conforme o caso, o equipamento de protecção, comando, automatização, medição e controlo, protegido contra o acesso acidental destinado ao sistema de iluminação pública.

O ponto de delimitação, no caso de sistemas utilizados exclusivamente **para iluminação pública**, é o ponto de separação entre o sistema de distribuição de electricidade e o sistema de iluminação pública que é estabelecido no ponto de ligação dos cabos eléctricos que saem dos quadros eléctricos e das caixas de distribuição.

O ponto de delimitação no caso de sistemas utilizados **tanto para iluminação pública como para distribuição de electricidade** é o ponto de separação entre o sistema de distribuição de electricidade e o sistema de iluminação pública que é estabelecido nos terminais de ligação das colunas de fornecimento das luminárias de iluminação pública. O ponto de delimitação é o local onde as instalações do consumidor se ligam às instalações do fornecedor e onde o bem é delimitado.

A área adjacente é a superfície na vizinhança imediata da via de tráfego no campo visual do observador.

A relação de área adjacente (SR, substituída por EIR - Relação de iluminação de beira) é a relação entre a iluminação média numa secção de 5 m de largura, ou menos se o espaço não o permitir, em ambos os lados das direcções de tráfego e a iluminação média da via de tráfego numa largura de 5 m, ou metade da largura de cada direcção de tráfego se for inferior a 5 m.

A largura da artéria (l) é a distância entre as arestas exteriores dos pavimentos, medida perpendicularmente ao eixo da artéria.

A altura de montagem (h) da fonte de iluminação é a distância vertical entre a fonte e a superfície de iluminação; é escolhida em função da limitação do efeito de cegueira e da necessidade de uma distância de iluminação uniforme na superfície da via pública.

A distância entre fontes (D) é a distância entre duas fontes sucessivas que é escolhida de acordo com a altura de montagem e o tipo de distribuição do fluxo luminoso da luminária; a relação entre D e h está entre 3,2 e 5, os pequenos valores correspondem à luminária com distribuição concentrada.

Overhang (d) é a distância horizontal entre a borda do pavimento e as extremidades do braço de fixação da luminária. Não deve exceder 0,25 h.

O sistema de monitorização do consumo de electricidade é um sistema de monitorização localizado em pontos de troca (painéis, pontos de ignição), baseado em IOT.

A correcção automática do fluxo luminoso é um sistema destinado a reduzir o consumo de electricidade nas redes de iluminação pública.

A infra-estrutura técnico-construtiva é o conjunto de sistemas de utilidade pública destinados à prestação/prestação de serviços de utilidade pública, que pertencem ao domínio público ou privado da unidade administrativo-territorial e estão sujeitos ao regime jurídico da propriedade pública ou privada de acordo com a lei.

A associação de desenvolvimento comunitário é uma associação intercomunitária, realizada ao abrigo da lei, entre duas ou mais unidades administrativas territoriais vizinhas, representadas pelas autoridades locais da administração pública, com a finalidade de estabelecer, desenvolver, gerir e/ou explorar conjuntamente sistemas de utilidade pública comunitária e de prestação/prestação de serviços de utilidade pública aos utilizadores dentro do raio territorial das unidades administrativas-territoriais associadas.

O domínio público representa todos os bens móveis e imóveis adquiridos de acordo com a lei, em propriedade pública, que, de acordo com a lei ou pela sua natureza, são de uso ou interesse público local ou do condado.

O domínio privado representa a totalidade dos bens móveis e imóveis, entrados na posse da Câmara Municipal através dos métodos previstos por lei.

O monopólio no domínio dos serviços de utilidade pública representa uma situação de mercado característica dos serviços de utilidade pública que, numa área territorial limitada, só pode ser fornecido/performado por um único operador.

A delegação da gestão de um serviço é o procedimento pelo qual uma unidade administrativo-territorial ou uma associação de desenvolvimento comunitário atribui ou confia a um ou mais operadores licenciados, nos termos da lei, a gestão de um serviço de utilidade pública pelo qual é responsável, tal como e o funcionamento do respectivo sistema de utilidade pública.

O estabelecimento de preços e tarifas é o procedimento de análise do cálculo de preços e tarifas, desenvolvido pelas autoridades reguladoras competentes, através do qual a estrutura e níveis de preços e tarifas, conforme o caso, são estabelecidos para serviços de utilidade pública.

O ajustamento de preços e tarifas é um procedimento de análise do nível de preços e tarifas existentes, desenvolvido e aprovado pelas autoridades reguladoras competentes, que assegura a correlação do nível de preços e tarifas estabelecido anteriormente de acordo com a evolução geral dos preços e tarifas na economia.

A modificação de preços e tarifas é um procedimento de análise da estrutura e nível dos preços e tarifas existentes, desenvolvido e aprovado pelas autoridades reguladoras competentes, aplicável em situações em que há alterações na estrutura de custos que levam ao recálculo de preços e tarifas.

A aprovação de preços e tarifas é a actividade de análise e verificação de preços e tarifas, realizada pelas autoridades reguladoras competentes, em conformidade com os procedimentos de estabelecimento, ajustamento ou modificação de preços e tarifas, realizada através da emissão de um parecer especializado.

CAPÍTULO 1. PAPEL, IMPORTÂNCIA E PROGRESSO DA ILUMINAÇÃO PÚBLICA

A sociedade está a passar por um processo de mudança em que todos os elementos económicos, sociais, políticos e cívicos experimentaram uma nova dinâmica numa tentativa de se adaptarem às condições actuais. Nesta transformação da sociedade, não se pode ignorar o sistema da administração pública, a necessidade de introduzir uma dimensão moderna neste domínio, de acordo com os valores deste espaço administrativo. Através do desenvolvimento coerente e contínuo do processo de descentralização no próximo período, poderemos testemunhar o aumento da qualidade e eficiência dos serviços públicos, e as administrações locais responderão em maior medida às exigências dos cidadãos e do desenvolvimento local. Os serviços de iluminação pública são actividades de utilidade pública de interesse económico e social geral, sob a autoridade da administração pública local, e cujo objectivo é assegurar a iluminação de estradas veiculares, arquitectónicas, pedonais, ornamentais e festivas, situadas no perímetro do município.

Na Roménia, os serviços públicos beneficiam de uma regulamentação cuidadosa tanto a curto prazo como na perspectiva do desenvolvimento sustentável, representando uma directiva de desenvolvimento prioritário. Na maioria das localidades povoadas, forma-se naturalmente uma necessidade de iluminação pública adequada, servindo as necessidades dos cidadãos através da segurança, segurança de tráfego, redução da criminalidade, orientação nocturna. Nos últimos anos, a iluminação pública e, em particular, a iluminação urbana tem evoluído, tornando-se numa actividade multidisciplinar, o que se reflecte na melhoria da qualidade de vida nas localidades. Nos últimos 15 anos, a iluminação pública conseguiu reduzir os enormes custos que trouxe para a administração local (custos de manutenção e um elevado consumo de electricidade), através da substituição de lâmpadas antigas por aparelhos de iluminação de alto desempenho, modernos, eficientes em termos energéticos e económicos. Todos estes aspectos da modernização estão também relacionados com as normas legislativas que impuseram a obtenção de iluminação eficiente. Assim, de acordo com a lei 230/2006, o sistema de iluminação deve satisfazer determinadas condições e garantir a satisfação de algumas necessidades de utilidade pública de comunidades individuais:

• Aumentar o nível de segurança individual e colectiva no espaço das comunidades locais;

• Aumentar o grau de segurança do tráfego rodoviário e pedonal;

• Desenvolvimento do grau de civilização e da qualidade de vida;

• Mobilização e estimulação do desenvolvimento económico e social;

• Valorização dos elementos arquitectónicos e paisagísticos das localidades;

• Assegurar o funcionamento e exploração em condições seguras, rentabilidade e eficiência económica de toda a infra-estrutura relacionada com o serviço de iluminação pública.

As instituições com atribuições directas nos regulamentos e aprovações de procedimentos na questão da iluminação pública são: ANRE, CNRI e CIE. Convencionalmente, a iluminação pública deve respeitar as normas de iluminação, fisiológicas, de segurança rodoviária, ergonómicas arquitectónicas e técnicas, com o objectivo de uma utilização racional da electricidade, reduzindo o custo dos investimentos e as despesas anuais de funcionamento das instalações.

Estudos realizados em todo o mundo mostram uma melhoria contínua do nível técnico das instalações de iluminação pública. O aumento do nível de iluminação determina o aumento do nível de investimentos e leva à redução das perdas indirectas devidas a eventos rodoviários. Assim, a experiência de alguns países da Europa Ocidental mostra que durante a noite o risco de acidentes é 2 vezes maior do que durante o dia e com uma severidade muito maior [13, 14]. Nos EUA, de acordo com dados da National Highway Traffic Safety Administration (NHTSA), quase 50% dos acidentes rodoviários mortais acontecem à noite, apesar de apenas cerca de 25% das viagens de veículos motorizados terem lugar durante o período nocturno. Como indicado no Quadro 1, embora o nível de tráfego seja muito reduzido durante a noite, o número de mortos e o número de feridos é comparável ao que ocorre em condições de luz natural.

Quadro 1 - Média da UE sobre os acidentes de viação comunicados por condições de luminosidade [15]

	Acidentes			Pessoas mortas			Pessoas feridas		
	2018	2019	2020	2018	2019	2020	2018	2019	2020
Luz do dia	1703	1475	1279	189	184	172	2013	1797	1431
Crepúsculo	169	117	94	22	18	12	213	139.5	127
Escuridão	705	655	477	108	138	87	889	789	567

Embora as 3 primeiras causas destes trágicos acontecimentos sejam de natureza diferente, está demonstrado que assegurar uma iluminação adequada pode levar a uma redução de 30% do número total de acidentes à noite nas estradas urbanas, 45% nas estradas rurais e 30% nas auto-estradas. Ao mesmo tempo, a iluminação adequada das calçadas reduz substancialmente o número de agressões físicas, levando a um aumento da confiança da população durante a noite.

As vantagens de uma iluminação pública de qualidade:
- Redução dos custos comunitários;

- Redução de acidentes;
- Reduzir a criminalidade;
- Utilização eficiente da rede rodoviária;
- Melhoria da orientação;
- Conforto mental e visual.

Um exemplo de uma associação que lida com estes desideratos é a KNX, contando mais de 500 membros e estando presente em mais de 190 países. Eles desenvolveram a rede KNX que inclui equipamento de iluminação, sensores e actuadores, ligados através de um autocarro de comunicação e que podem ser operados através de um controlador. Ao mesmo tempo, a fim de se alinharem com estas tecnologias, os fabricantes estabelecidos desenvolveram aparelhos de iluminação pública com elementos auxiliares para plataformas de software de comunicação e telegestão à distância[1] .

Actualmente, o sistema de iluminação, para além dos elementos básicos, requer elementos de controlo remoto inteligente através de plataformas de telegestão e gestão da IoT (Internet das Coisas), com a possibilidade de definir o horário de funcionamento e a intensidade luminosa. Até há 15 anos atrás, as luminárias consistiam em fontes de luz clássicas, sendo as mais utilizadas as lâmpadas de vapor de sódio. Actualmente, são utilizadas predominantemente fontes modernas de iluminação LED com balastro electrónico, que permitem a utilização da funcionalidade de sistemas de gestão inteligentes. Assim, a tecnologia utilizada facilita a compatibilidade com diferentes fabricantes de aparelhos de iluminação e dispositivos urbanos inteligentes tais como sensores de luz, câmaras de vídeo, sensores de densidade de tráfego, sensores de qualidade do ar, detectores de ruído, semáforos inteligentes. Além disso, algumas tecnologias permitem que, para além de serem utilizados para a gestão da rede de iluminação pública, os

---

[1] A telegestão é um conjunto completo de aplicações de software baseadas na web que proporcionam uma gestão remota completa de toda a infra-estrutura de iluminação, tanto a nível individual como de grupo.

sensores instalados ao nível de cada pólo e distribuídos por toda a cidade possam ser utilizados como porta de entrada para outros sensores e equipamentos, que podem utilizar a mesma rede para se ligarem a aplicações de gestão dedicadas. Além disso, outros dispositivos podem ser integrados para aumentar a eficiência na gestão da rede de iluminação pública, tais como sensores de luz, sensores de pólos de luz de visita (porta), sensores de impacto, sensores de detecção de cabos cortados, etc. Todos estes dispositivos contribuem para a optimização dos custos relacionados com o consumo de energia e os relacionados com a operação e manutenção do sistema de iluminação pública.

A figura 1 mostra um exemplo de um sistema de iluminação inteligente utilizado na Roménia, composto por módulos de hardware instalados a nível de pontos de ignição (controlando vários dispositivos de iluminação), que comunicam bidireccionalmente com o servidor central através da rede GSM segura.

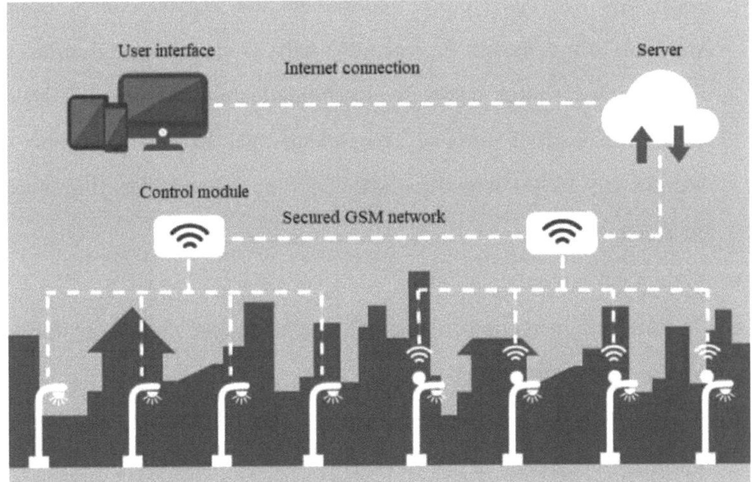

Figura 1 - Modo de funcionamento do sistema de iluminação inteligente Elba smart city

A ligação dos dispositivos de iluminação ao sistema posiciona-os instantaneamente num mapa virtual, utilizando GPS. A nível central, o servidor é o colector dos dados monitorizados e o despachante dos comandos. O servidor executa software que permite o controlo, monitorização e relatórios, acessível a partir de PC, tablet ou telemóvel. O sistema permite ligar/desligar/diminuir os comandos (redução da intensidade luminosa) e a transmissão dos parâmetros eléctricos do estado da rede em tempo real (por exemplo, alerta a pessoa autorizada via e-mail e SMS sobre defeitos: fusíveis queimados, falta de tensão de rede ou dispositivos desligados).

A iluminação pública inteligente tem as seguintes vantagens [16]:

- Reduz os custos de electricidade: A iluminação das ruas tem um efeito na segurança, economia e na forma como os cidadãos vivem na sua cidade, e as despesas relacionadas com o consumo de energia para a iluminação das ruas foram importantes. De acordo com o Banco Mundial, este consumo representava para os sistemas de iluminação clássica até 65% dos custos de electricidade de uma cidade e 10% do orçamento local. Estima-se actualmente que reduz o consumo de energia até 70% em comparação com os sistemas de iluminação tradicionais.
- Aumenta a segurança pública;
- Diminui o número de acidentes de viação porque dá aos condutores uma melhor visibilidade;
- O impacto sobre o ambiente é menos agressivo do que no caso da iluminação clássica;
- Proporciona um melhor controlo da luz no trânsito;
- Flexibilidade - várias opções e a capacidade de fazer mudanças no terreno de forma simples e fácil.

- Suporta sistemas de estacionamento inteligentes e plataformas de gestão de estações de carregamento para VE (veículos eléctricos);
- Monitorização eficaz do ambiente (emissões poluentes, ruído);
- Aumento da segurança pública (através do sistema de câmaras de vídeo).

A tendência neste campo é a digitalização completa do sistema de iluminação pública, através da inclusão e adaptação dos mais avançados sistemas de iluminação inteligente. Ao mesmo tempo, a nível europeu, a questão da redução da poluição está cada vez mais a ser levantada. Actualmente, a iluminação pública na Roménia é principalmente uma fonte de poluição com emissões de CO_2, mas também de poluição luminosa, menos tomada em consideração, mas de grande importância para certos sectores, tais como os observatórios astronómicos. Por conseguinte, é necessário integrar soluções de eficiência de iluminação com investimentos a longo prazo. Um projecto de tal alcance só pode ser iniciado, contudo, após medições adaptadas às especificidades da situação. Além disso, é necessária uma maior verificação dos resultados obtidos após as modernizações. Nestas condições, e com o apoio oferecido pela União Europeia através do objectivo assumido de aumentar a eficiência energética em 32,5% até 2030, foram iniciadas acções para implementar um sistema de monitorização da qualidade dos parâmetros na rede pública de abastecimento de iluminação.

CAPÍTULO 2. OS COMPONENTES DA ILUMINAÇÃO PÚBLICA

2.1. Parâmetros de concepção da iluminação pública

A iluminação pública é um serviço público essencial normalmente prestado pelas autoridades públicas a nível subnacional e municipal. As cidades estão a investir cada vez mais em sistemas de iluminação pública eficientes em termos energéticos para substituir ou actualizar os seus sistemas de envelhecimento. Relativamente à iluminação pública a nível nacional, podem ser identificados vários indicadores de eficiência energética, sendo os mais importantes:

- o consumo anual total de electricidade relacionado com todo o sistema de iluminação pública de um país;
- o consumo anual total de electricidade relacionado com todo o sistema de iluminação pública em comparação com o consumo final de electricidade de um país;
- o consumo anual total de electricidade relacionada com o sistema de iluminação pública em relação ao número de habitantes do país.

A iluminação pública também pode ser definida como uma das principais qualidades da civilização contemporânea. A construção de iluminação adequada determina, para além dos elementos relacionados com a redução das despesas financeiras, a melhoria da segurança dos peões e a formação de um clima social adequado, a segurança e a redução da criminalidade à noite. Em particular, para a iluminação rodoviária, as condições são a criação de uma sensação visual perfeita para a segurança, um ambiente totalmente iluminado para a rápida circulação dos veículos, uma visão clara dos objectos para uma confortável circulação dos utentes da estrada.

O sistema de iluminação ornamental para parques e áreas semelhantes é um sistema de iluminação funcional destinado principalmente a garantir a circulação e segurança dos peões em parques, espaços de lazer, mercados, feiras, que por vezes pode ser combinado com componentes decorativos para efeito visual. O sistema de iluminação para peões é um sistema de iluminação destinado exclusivamente a vias de tráfego pedonal.

A definição de todas as coordenadas de qualidade da iluminação e o conhecimento dos valores médios ou limites das suas dimensões características, permite a classificação gradual das soluções de iluminação, que as satisfazem plenamente e nas condições mais vantajosas.

A caracterização da distribuição do fluxo luminoso é uma preocupação constante dos especialistas envolvidos na tecnologia da iluminação. O destaque dos tipos de curvas ou luminárias fotométricas, a sua análise sistemática e classificação, a identificação de algumas funções no plano ou no espaço, que reflectem a variação com as coordenadas da intensidade luminosa emitida pela luminária ou algumas leis de interpolação, que reproduzem com uma certa aproximação estas dependências, são alguns dos passos mais importantes na direcção mencionada.

Uma luz de qualidade é necessária para alcançar um ambiente de luz ideal em espaços interiores e exteriores. Ao dimensionar as instalações de iluminação, é necessário ter em conta uma série de regras que influenciam a qualidade da luz fornecida:

- um nível adequado de iluminação é decisivo para a eficiência das actividades; com a redução do nível de iluminação, a eficiência da actividade diminui e a probabilidade de erros ou acidentes aumenta;

- uma reduzida não uniformidade das luminâncias nas diferentes superfícies determina condições óptimas de trabalho; um contraste demasiado baixo ou demasiado forte torna-se irritante e leva à fadiga do olho humano;

- A limitação do fenómeno da cegueira assegura condições de trabalho apropriadas; o fenómeno da cegueira pode ser perturbador e levar a uma sobrecarga do olho humano;

- um contraste adequado dos objectos na área permite a sua correcta observação;

- uma direcção correcta da luz limita o aparecimento de sombras acentuadas;

- uma boa reprodução de cores permite a avaliação correcta das cores reais;

- O baixo consumo de energia é de particular interesse prático e pode ser decisivo na escolha de uma instalação de iluminação;

- os efeitos reduzidos na rede de abastecimento eléctrico, limitando a distorção da corrente eléctrica absorvida.

O elemento básico de uma instalação de iluminação é a **luminária**, definida como o conjunto construtivo composto por: a fonte luminosa, o sistema de distribuição espacial do fluxo luminoso (o reflector) e o sistema de resistência mecânica (a armadura metálica) em que os acessórios são montados as lâmpadas (tomadas de corrente, tomadas de corrente, arrancadores, balastros, cabos de alimentação, etc.).

A principal função de uma luminária é a redistribuição racional do fluxo emitido pela fonte de luz, a fim de obter, economicamente, os níveis de iluminação prescritos nas superfícies úteis. O fluxo luminoso pode ser distribuído dentro de amplos limites, desde uma distribuição praticamente uniforme em todo o ângulo sólido, até à sua concentração numa determinada direcção. Igualmente importante é uma segunda função de uma luminária de projector, nomeadamente a protecção do olho contra demasiada luminância da fonte de luz. Para isso, o reflector cobre a lâmpada com partes transparentes ou opacas, reduzindo a sua influência nociva sobre o olho.

Os dispositivos de iluminação de uso geral devem satisfazer uma série de condições, nomeadamente

- têm uma curva fotométrica adequada para o sistema de iluminação escolhido;

- apresentar um elevado rendimento e um coeficiente de depreciação aceitável, o que implica uma manutenção simples e fácil;

- ter uma luminância aceitável e criar sombras tão ténues quanto possível;

- ser estética durante o funcionamento da fonte de luz e após a sua desconexão;

- para cumprir todas as condições de protecção impostas pelo ambiente em que trabalham.

A norma europeia EN 15193:2007, que se tornou também a norma romena em Novembro de 2008, define os requisitos energéticos para a iluminação. Introduz principalmente dois indicadores LENI (Lighting Energy Numeric Indicator), para a contagem do consumo de energia eléctrica da iluminação e ELI (Ergonomic Lighting Indicator), para o destaque simultâneo de vários aspectos relacionados com a qualidade da iluminação. O cálculo do LENI na fase de concepção parte dos pressupostos e especificações construtivas, e o resultado final é influenciado por estes pressupostos.

$$LENI = \frac{P_n \cdot t}{A} \left[\text{kWh/m2/yea r}\right] \qquad \text{ou}$$

$$LENI =_d (P_n f_c) ((t_d f_o f\Sigma) + (t_n f_o)) / A \qquad (2.1)$$

onde

P_n = carga instalada (kW)

f_c = factor de redução devido à utilização do controlo da luz do dia (<1)

t_d = horas anuais de utilização por dia (h)

f_o = factor de redução devido à utilização do controlo actual (<1)

f_d = factor de redução devido à utilização de controlo de manutenção constante da iluminação (<1)

t_n = horas anuais de utilização à noite (h)

t = período de utilização por ano (h)

A = área iluminada (m2)

O LENI é basicamente uma relação entre o uso total de energia (diurno, nocturno e parasitário) e a área. O LENI calculado não deve exceder o limite prescrito para uma determinada iluminação, tal como estabelecido na Tabela 2 (do guia de conformidade), com a menção de que a concepção da iluminação deve cumprir os requisitos básicos de iluminação.

Tabela 2 - Valores de referência e critérios de concepção da iluminação [17]

Category	Quality class	Parasitic Emergency P_{em} kWh/(m²×year)	Parasitic Control P_{pc} kWh/(m²×year)	PN W/m²	t_D h	t_N h	F_C no cte illuminance	F_C cte illuminance	F_O Manual	F_O Auto	F_D Manual	F_D Auto	No cte illuminance LENI Manual kWh/(m²×year)	No cte illuminance LENI Auto	Cte illuminance LENI Manual kWh/(m²×year)	Cte illuminance LENI Auto
Office	*	1	5	15	2 250	250	1	0,9	1	0,9	1	0,9	42.1	35.3	38.3	32.2
	**	1	5	20	2 250	250	1	0,9	1	0,9	1	0,9	54.6	45.5	49.6	41.4
	***	1	5	25	2 250	250	1	0,9	1	0,9	1	0,9	67.1	55.8	60.8	50.8
Education	*	1	5	15	1 800	200	1	0,9	1	0,9	1	0,8	34.9	27.0	31.9	24.6
	**	1	5	20	1 800	200	1	0,9	1	0,9	1	0,8	44.9	34.4	40.9	31.4
	***	1	5	25	1 800	200	1	0,9	1	0,9	1	0,8	54.9	41.8	49.9	38.1
Hospital	*	1	5	15	3 000	2 000	1	0,9	0,9	0,8	1	0,8	70.6	55.9	63.9	50.7
	**	1	5	25	3 000	2 000	1	0,9	0,9	0,8	1	0,8	115.6	91.1	104.4	82.3
	***	1	5	35	3 000	2 000	1	0,9	0,9	0,8	1	0,8	160.6	126.3	144.9	114.0
Hotel	*	1	5	10	3 000	2 000	1	0,9	0,7	0,7	1	1	36.1	38.1	34.6	34.6
	**	1	5	20	3 000	2 000	1	0,9	0,7	0,7	1	1	72.1	72.1	65.1	65.1
	***	1	5	30	3 000	2 000	1	0,9	0,7	0,7	1	1	108.1	108.1	97.6	97.6
Restaurant	*	1	5	10	1 250	1 250	1	0,9	1	1	1	-	29.6		27.1	
	**	1	5	25	1 250	1 250	1	0,9	1	1	1	-	67.1		60.8	
	***	1	5	35	1 250	1 250	1	0,9	1	1	1	-	92.1		83.3	
Sport places	*	1	5	10	2 000	2 000	1	0,9	1	1	1	0,9	43.7	41.7	39.7	37.9
	**	1	5	20	2 000	2 000	1	0,9	1	1	1	0,9	83.7	79.7	75.7	72.1
	***	1	5	30	2 000	2 000	1	0,9	1	1	1	0,9	123.7	117.7	111.7	106.3
Retail	*	1	5	15	3 000	2 000	1	0,9	1	1	1	-	78.1		70.6	
	**	1	5	25	3 000	2 000	1	0,9	1	1	1	-	128.1		115.6	
	***	1	5	35	3 000	2 000	1	0,9	1	1	1	-	178.1		160.6	
Manufacture	*	1	5	10	2 500	1 500	1	0,9	1	1	1	0,9	43.7	41.2	39.7	37.5
	**	1	5	20	2 500	1 500	1	0,9	1	1	1	0,9	83.7	78.7	75.7	71.2
	***	1	5	30	2 500	1 500	1	0,9	1	1	1	0,9	123.7	116.2	111.7	105.0

*cte é um sistema de controlo de iluminação constante

O Indicador de Iluminação Ergonómica (ELI) é uma avaliação da qualidade de iluminação descrita na norma europeiaEN 12464. Utiliza cinco critérios básicos para descrever a qualidade do sistema de iluminação, correlacionados com a percepção humana da iluminação:

- características visuais (Desempenho visual):

- o nível de iluminação;
- uniformidade da iluminação;
- índice de restituição de cor (CRI);
- falta de sombras apertadas;
- contraste de transição (renderização);
- cegueira ou desconforto;

- características de perspectiva, visualização de cena leve (Vista):

- concepção arquitectónica;
- percepção psíquica;
- orientação;
- o material;
- classe de protecção;

- conforto visual (Conforto Visual):

- distribuição de luz;
- plasticidade, modelagem;

- falta de reflexos e cegueira;
- uniformidade da iluminação perto das tarefas visuais;
- segurança;
- a proporção de iluminação artificial em relação à natural;

- vitalidade refere-se à influência positiva da iluminação sobre a condição humana, tanto fisiológica como biológica;

- a possibilidade de influenciar a iluminação (Empowerment) refere-se ao estabelecimento de um nível pessoal de iluminação, ao controlo e flexibilidade da solução de iluminação. Os sensores e sistemas de controlo permitem ao utilizador ajustar a iluminação de acordo com as suas necessidades.

Cada um destes critérios é classificado pelo projectista com valores numa escala de 1 (inadequado) a 5 (excelente).

Ultimamente, ELI foi excluída de protocolos complexos que descrevem iluminação porque é uma ferramenta de desenho que não capta a classificação dos ocupantes [18].

O sistema de iluminação pública deve assegurar as características de iluminação normalizadas necessárias para garantir a segurança do tráfego nas vias de circulação, dependendo da intensidade do tráfego e da reflectância da superfície da via de circulação e da área adjacente. Todos os sistemas de iluminação destinados ao tráfego automóvel são dimensionados de acordo com a legislação internacional e nacional em função do nível de luminância, com excepção das áreas de grandes cruzamentos, rotundas, que serão dimensionadas de acordo com a iluminação.

Os parâmetros quantitativos são: o nível de luminância, para vias de tráfego automóvel e o nível de iluminação para intersecções, praças, rotundas, zonas pedonais, zonas para ciclistas.

Os parâmetros qualitativos são: uniformidades na área de cálculo, o índice TI para evitar a cegueira fisiológica no campo visual central e periférico.

Por exemplo, a iluminação das passagens pedonais é efectuada com um nível de luminância superior ao da respectiva via de tráfego, de acordo com a SR 13433, evitando a mudança de cor que produz um choque visual e estético perturbador. A iluminação é conseguida colocando um dispositivo de iluminação perto da passagem de peões, ou será localizada perto da localização dos dispositivos de iluminação. A colocação dos dispositivos de iluminação é feita de modo a assegurar a iluminação dos peões a partir do sentido do trânsito. A iluminação das passagens de peões deve ter um índice de luminosidade o mais baixo possível.

Dependendo da vegetação existente na área adjacente às vias de tráfego, os dispositivos de iluminação são colocados de modo a que a distribuição do fluxo luminoso não se altere, pelo que as coroas das árvores são periodicamente ajustadas.

Nas vias de tráfego, o nível de luminância deve assegurar a percepção dos obstáculos e dos detalhes de forma distinta, em tempo útil e com certeza. O nível de luminância será mantido ao longo do tempo através da manutenção dos sistemas de iluminação em períodos especificados, tomando medidas para substituir lâmpadas usadas, lâmpadas de limpeza e dispositivos de iluminação.

O tipo de dispositivos e acessórios de iluminação é estabelecido tendo em conta que a duração do bom funcionamento deve ser de pelo menos 10.000 horas, excepto nos casos em que se deseja uma muito boa reprodução de cores, para destacar monumentos arquitectónicos, iluminação ornamental.

O sistema de iluminação pública deve ser concebido com base em critérios de desempenho (qualidade, vida útil), segurança e eficiência. Como indicado em [19], os critérios de qualidade da iluminação pública são definidos na norma europeia EN 13201 "Iluminação pública" que cobre os seguintes tópicos:

- PD CEN/TR 13201-1:2014: Directrizes sobre a selecção de aulas de iluminação

- PT 13201-2:2015: Requisitos de desempenho

- PT 13201-3:2015: Cálculo do desempenho

- PT 13201-4:2015: Métodos de medição do desempenho de iluminação

- PT 13201-5:2015: Indicadores de desempenho energético.

2.2. Estrutura do sistema de iluminação pública

Os componentes do sistema de iluminação de rua podem ser divididos em três grandes categorias:

- Sistemas ópticos, que cobrem luminárias (incluindo reflectores, refractores e lentes), lâmpadas ou fontes de luz, e o equipamento de controlo - detalhado na secção 2.2.1.

- Sistemas de apoio constituídos por postes e respectivas fundações.

Os postes devem corresponder à norma EN 12767 ("Passive Safety of Support Structures for Road Equipment") que especifica critérios a fim de minimizar o perigo para os ocupantes do veículo em caso de colisões. De acordo com a norma, as estruturas de apoio de equipamento rodoviário são classificadas em três categorias diferentes de segurança passiva:

- o Alta absorção de energia (HE)

- o Baixa absorção de energia (LE)

- o Não absorvente de energia (NE)

- Sistemas eléctricos (incluindo armários de serviço) cobrindo instalações de fornecimento, controlo e medição de energia.

Estruturalmente, o sistema de iluminação pública eléctrica é o conjunto composto por pontos de ignição, caixas de distribuição, caixas de junção, linhas eléctricas de baixa tensão subterrâneas ou aéreas, fundações, postes, instalações de ligação à terra, consolas, aparelhos de iluminação, acessórios, condutores, isoladores, braçadeiras, acessórios, equipamento de controlo, automatização e medição (Figura 3). A instalação eléctrica da iluminação pública funciona em baixa tensão, respectivamente a 400 V e 230 V. O mecanismo de controlo e as vias de cabos para o sistema devem ser bem definidos. Os pontos de ignição e as caixas de distribuição têm o papel de distribuir a electricidade da estação transformadora para a instalação de iluminação. A figura 4 abaixo mostra um exemplo de um sistema com ponto de ignição para iluminação da via pública, automático e protegido contra sobretensões.

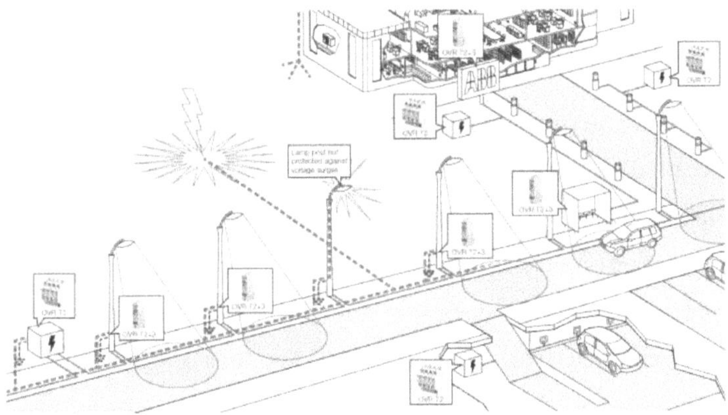

Figura 3 - Sistema de iluminação exterior com dispositivos de protecção contra sobretensões [20]

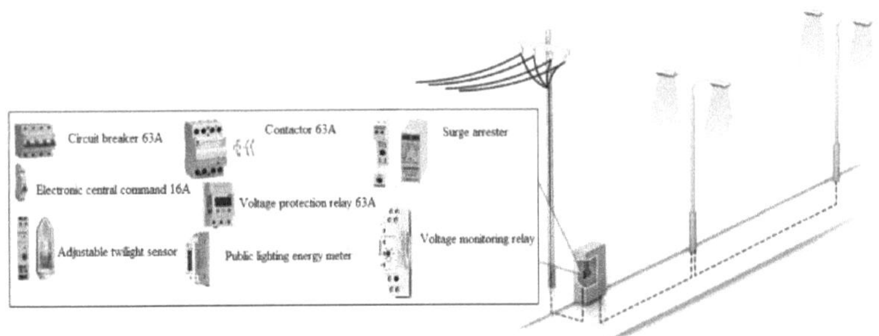

Figura 4 - Ponto de ignição para iluminação pública, automática e protegida contra sobretensões

O ponto de demarcação, no caso de sistemas utilizados exclusivamente para iluminação pública, é o ponto de separação entre o sistema de distribuição de electricidade e o sistema de iluminação pública que é estabelecido no ponto de ligação dos cabos eléctricos que saem dos quadros eléctricos e das caixas de distribuição. Pode também ser definido como o local onde as instalações do consumidor são ligadas às instalações do fornecedor e onde o imóvel é demarcado.

2.2.1 As características técnicas dos dispositivos de iluminação

Quer se destine a utilização interior ou exterior, o sistema de iluminação deve corresponder à decoração e particularidade da cena. Embora o interior opte geralmente por uma única fonte de luz, que pode satisfazer as necessidades básicas, existem vários tipos de soluções de iluminação, cada uma das quais pode ser utilizada num momento específico para criar um certo estado ambiental ou satisfazer uma certa necessidade. Os quatro tipos básicos são: iluminação geral, ambiente, sotaque ou focalização. A iluminação exterior destina-se mais a iluminação prática e eficiente do que a uma primeira impressão agradável nos hóspedes e visitantes.

A luminária é o elemento principal de uma instalação de iluminação pública, sendo definida como o conjunto construtivo constituído pela fonte luminosa (lâmpada clássica ou LED), o sistema de distribuição e distribuição espacial do fluxo luminoso constituído pelo reflector (as lentes para a tecnologia LED) e pelo difusor, bem como o sistema de resistência mecânica (caixa) em que os acessórios são montados (fonte luminosa, balastro, detonador, tomada, ou condutor LED). Pode também ser definido como um dispositivo de iluminação que serve para distribuir, filtrar e transmitir a luz produzida de uma ou mais lâmpadas para o exterior, o que inclui todos os dispositivos necessários para fixar e proteger as lâmpadas, os circuitos auxiliares e os componentes eléctricos de ligação à rede de alimentação, o que assegura o funcionamento primário e estável das fontes de luz.

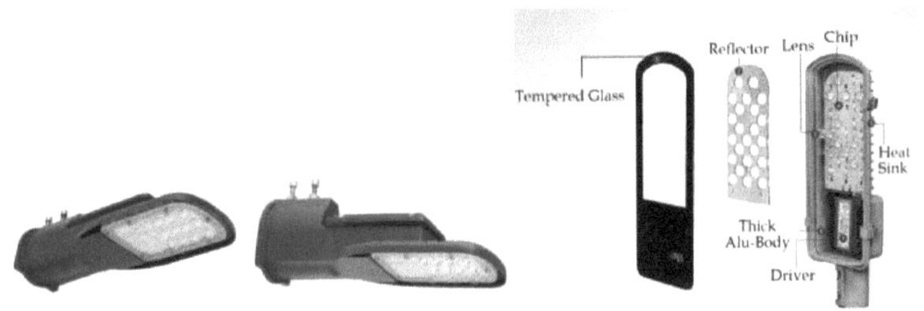

Figura 5. Luminária comum LED para iluminação pública

As luminárias LED também têm o potencial de aumentar os factores de qualidade da iluminação pública, juntamente com a redução do máximo brilho fisiológico, resultando na melhoria tanto do conforto ocular como da capacidade visual dos utentes das estradas urbanas. . É por isso que, nos últimos anos, as autoridades públicas locais em cidades de todo o mundo tentaram melhorar a iluminação pública investindo em tecnologias LED, o que pode trazer uma oportunidade única de reduzir os custos de electricidade e manutenção, bem como aumentar o nível de protecção ambiental.

A escolha apropriada de fontes de luz desempenha um papel importante na iluminação urbana, tanto do ponto de vista funcional, estético e económico. As fontes de luz devem cumprir os requisitos de qualidade especificados nas normas SR EN 13201 (Norma para iluminação pública - 5 partes), SR EN 61167+A1 (Lâmpadas de iodetos metálicos), STAS 7290-75 (Lâmpadas eléctricas com descargas gasosas), SR EN 60662:2002 (Lâmpadas de vapor de sódio de alta pressão), SR EN IEC 62031:2020/A11:2021 (Módulos LED para iluminação geral) e em conformidade com a norma NP062/02

(Regulamento para a concepção de sistemas de iluminação de estradas e pedestres). As fontes luminosas apresentam uma série de características técnico-económicas, disponibilizadas ao utilizador pelo fabricante da fonte, que devem ser tidas em consideração na escolha da fonte luminosa:

	Características técnico-económicas	Símbolo	Unidade
1.	Fluxo luminoso	Φ	[lm]
2.	A eficácia luminosa da fonte	e	[lm/W]
3.	Eficácia luminosa global da fonte (fonte + equipamento auxiliar)	e_g	[lm/W]
4.	Temperatura de cor	T_c	$[K]^o$
5.	Índice de restituição de cores	CRI	
6.	Duração da operação	t_f	[h]
7.	Luminância	L	$[cd/m]^2$
8.	Potência nominal	P	[W]
9.	Factor de potência	$\cos\varphi$	
10.	Tensão de alimentação	U	[V]
11.	Tempo de escorva	t_a	[s] ou [min]
12.	Cor aparente		
13.	Posição de funcionamento		
14.	Pedestal		

A partir de considerações de segurança da iluminação pública, igualmente a reprodução da cor que depende exclusivamente dos comprimentos de onda espectrais emitidos pela fonte de luz (Figura 6) e a luminância da superfície iluminada (Figura 7) são importantes para a percepção visual humana. Com um bom CRI, os indicadores, sinais de trânsito, dissuasores ou obstáculos imprevistos podem ser distinguidos mais precisamente antes do tempo e o nível adequado de luminância dos objectos no campo visual impede a ocorrência do fenómeno da cegueira psicológica ou fisiológica e favorece a percepção clara dos contrastes. Os requisitos mínimos de luminância para vias de tráfego de média a alta velocidade variam de 0,3 a 2 cd/m² [21] Assim, a luminância cai normalmente dentro da chamada "gama mesópica" da visão humana (que varia de 0,001 a 3 cd/m²) que combina tanto a visão a cores (fotópica) como a visão com pouca luz (escotópica) [19].

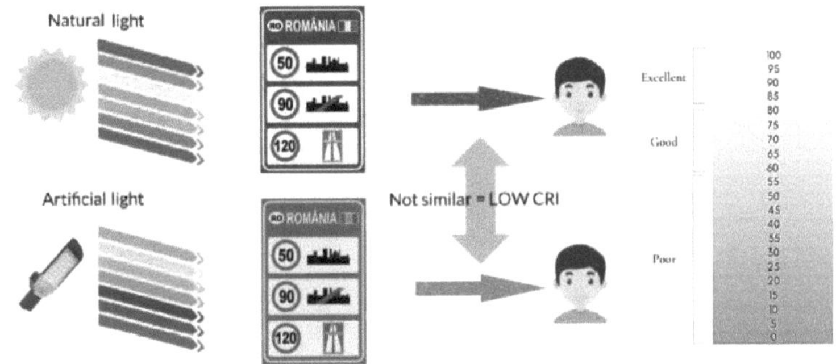

Figura 6 - Índice de restituição de cor (CRI) da influência da luz artificial na percepção visual

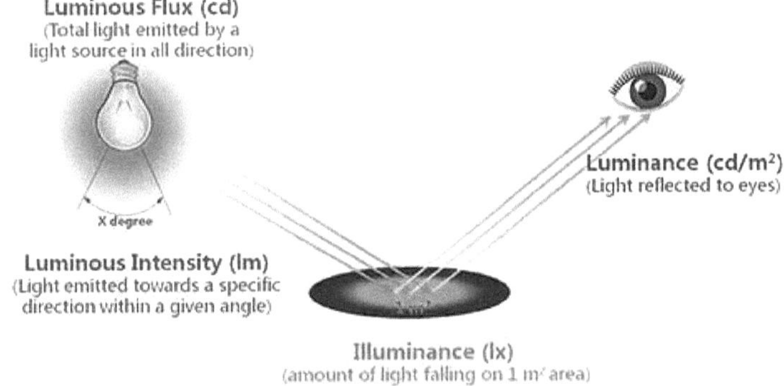

Figura 7 - Os parâmetros fotométricos que produzem a sensação de luz na retina

2.2.2. As características técnicas do poste de iluminação

O poste de iluminação é o suporte destinado a suportar uma ou mais luminárias, composto por uma ou mais peças: um poste, uma peça de extensão e uma consola (de acordo com a norma europeia EN 40-1:1991 colunas de iluminação).

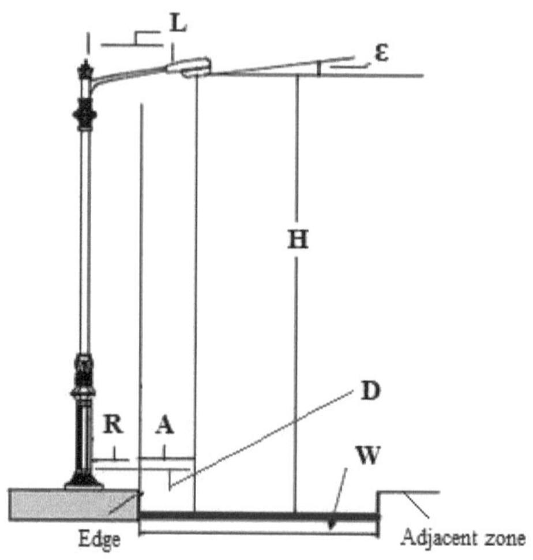

Figura 8 - Geometria dos postes de iluminação

A altura de montagem **H** é a distância vertical entre a fonte (o centro fotométrico da luminária) e a superfície de iluminação. Não deve ser inferior a 6m e é determinada pelo projectista de acordo com as características de iluminação e as particularidades da estrada. A relação entre S e H situa-se entre 3,2 e 5, pequenos valores correspondem à luminária com distribuição concentrada.

O braço de apoio deve ser tão curto quanto possível para limitar as vibrações. O seu alcance (**L**) é medido horizontalmente desde a linha central do pólo até ao centro fotométrico da luminária. Recomenda-se que seja inferior a ¼ da altura do poste de montagem. Por exemplo, para uma altura de poste de

10m, colocado numa rua comum de 12m de largura, é adequado um braço de 2m ou 2,5m.

O recuo do poste (**R**) é a distância horizontal entre a borda do passeio (ou borda da faixa de rodagem se não houver passeio) e a linha central do poste de iluminação, medida normalmente para a direcção do tráfego. É determinada de acordo com a velocidade máxima permitida na estrada, como se segue:

- ✓ V_{max} =50 km/h , R=0,8m
- ✓ V_{max} =80 km/h , R=1m
- ✓ V_{max} =100 km/h , R=1,5m.

A saliência (**A**) é medida horizontalmente desde a borda do lancil até ao centro fotométrico da luminária. Este avanço (medido em metros) pode ser positivo (quando a projecção do centro fotométrico da luminária está na estrada), negativo (quando a projecção do centro fotométrico da luminária está na área adjacente - espaço verde, calçada) ou zero.

O ângulo de inclinação ou ângulo de inclinação ou upcast (ε) da luminária é definido pelo projectista, dependendo de como o fluxo luminoso deve ser dirigido. É definido como o ângulo entre o eixo da entrada do espigão de fixação é inclinado acima da horizontal quando a luminária é instalada. A norma romena recomenda a medição deste ângulo em relação ao eixo vertical como referência: o ângulo de inclinação é o ângulo que indica a inclinação da luminária para a horizontal e é igual ao ângulo entre o eixo vertical e o seu eixo de referência.

O alcance (**D = R + A**) é medido horizontalmente desde a linha central do pólo até ao centro fotométrico da luminária. Também aqui a norma romena tem uma abordagem ligeiramente diferente, considerando o alcance como sendo a distância horizontal entre a borda do pavimento e as extremidades do braço de fixação da luminária. Não deve exceder 0,25 H.

O ângulo de blindagem de uma luminária é o ângulo medido entre o eixo vertical e a primeira linha de visão a partir da qual as lâmpadas e as superfícies de alta luminância não são visíveis. A blindagem é uma técnica para reduzir o encandeamento, escondendo-se das lâmpadas de visão directa e das superfícies de alta luminância. A adopção de soluções de iluminação rodoviária deve ser feita de modo a que o fenómeno da cegueira (fisiológica) não ocorra ou, se tal não puder ser evitado, os seus efeitos não influenciem o desempenho ou a capacidade visual dos participantes no trânsito.

A distância entre os postes (d) é definida pelo projectista em função da largura da estrada, da potência da fonte de luz e da altura de montagem. Para assegurar a uniformidade dentro dos limites normais, recomenda-se a relação: d/H=3,2-5. A colocação será distribuída uniformemente, ao longo das vias de circulação. Existem quatro tipos de disposição comuns (Figura 9), adoptados de acordo com a altura dos postes, a geometria da estrada, as características do sistema, as condições do solo da estrada, as características físicas do mastro, os requisitos ambientais, o espaço disponível para manutenção, o orçamento disponível, a estética e os objectivos de iluminação [19]. O objectivo é não só manter uma luminância mínima, mas também uma uniformidade luminosa mínima, que depende da distribuição da intensidade luminosa das luminárias na instalação de iluminação pública. É de notar que embora muitos produtos LED sejam concebidos como um substituto das luminárias existentes (fazendo assim uso dos postes existentes), isto muitas vezes não tira o máximo partido dos designs modernos de luminárias LED que são capazes de distribuições de intensidade luminosa muito mais uniformes do que as luminárias HPS ou MH comparáveis [22].

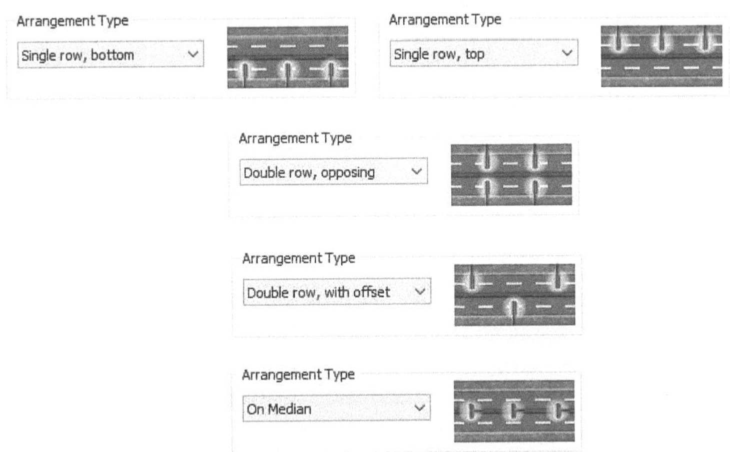

Figura 9 - Tipos típicos de disposição dos postes

Em arranjos de "fila única", a largura efectiva da estrada pode ser até igual à altura de montagem da luminária. Além disso, ao contrário dos outros arranjos, a luminância da superfície da estrada não será igual em ambas as vias da estrada. Nos arranjos de "fila dupla com desvio", a largura efectiva da estrada pode ser até 1,5 vezes a altura de montagem da luminária. A sua uniformidade de luminância longitudinal é geralmente baixa e cria um padrão alternado de manchas brilhantes e escuras. No entanto, durante o tempo húmido, cobrem melhor toda a estrada do que os arranjos de um só lado. Em arranjos de "fila dupla oposta", a largura efectiva da estrada pode ser cerca de 2 a 2,5 vezes a altura de montagem da luminária. Se o arranjo for utilizado para uma faixa de rodagem dupla com uma reserva central de pelo menos um terço da faixa de rodagem, ou se a reserva central incluir outras obstruções visuais significativas (tais como árvores ou ecrãs), torna-se efectivamente em dois arranjos de uma só face e deve ser tratada como tal. Em arranjos "medianos", as luminárias são penduradas a partir dos chamados fios de vão pendurados através da estrada, geralmente entre edifícios. A largura efectiva da estrada pode ser até duas vezes a altura de montagem da luminária. Em arranjos bimedianos - onde duas luminárias são instaladas no centro, de costas a costas - a largura efectiva da estrada pode ser até igual à altura de montagem das luminárias. Desde que a reserva central não seja demasiado larga, ambas as luminárias podem contribuir para a luminância da superfície da estrada em qualquer das faixas, tornando este arranjo geralmente mais eficiente do que arranjos opostos. No entanto, arranjos opostos podem proporcionar uma iluminação ligeiramente melhor em condições húmidas [19].

A classe do sistema de iluminação define o sistema de iluminação de acordo com as características do tráfego rodoviário e a categoria da via de circulação. Na Roménia, a norma NP-062/02 define 3 classes de acordo com as características das estradas: M - para auto-estradas, C - zonas de conflito (cruzamentos, rotundas, zonas congestionadas) e P - para estradas destinadas a peões e ciclistas. A norma EN 13201-2 detalha as classes básicas de iluminação da seguinte forma:

> ➢ A classe **ME** (de ME1 a ME6, onde ME1 define os requisitos mais rigorosos) destina-se a utilizadores de veículos motorizados em rotas de tráfego. Em alguns países, esta classe também se aplica a estradas residenciais. As velocidades de tráfego são médias a altas. Para condições de estradas húmidas, as classes MEW vão de MEW1 a MEW6.

> ➢ A classe **CE** (de CE0 a CE5, onde CE0 define os requisitos mais rigorosos) destina-se a utilizadores de veículos motorizados em áreas de conflito, tais como intersecções de estradas, rotundas, etc. Estas áreas também permitem o abastecimento de ciclistas e peões.

> ➢ A classe **S** (de S1 a S6, onde S1 define os requisitos mais rigorosos) destina-se a ciclistas e peões em caminhos pedonais, ciclovias, estradas residenciais, ruas pedonais, áreas de estacionamento, etc.

➢ **Uma** classe (de A1 a A5, onde A1 define os requisitos mais rigorosos) destina-se a ciclistas e peões em caminhos pedonais, ciclovias, estradas residenciais, ruas pedonais, áreas de estacionamento, etc.

❖ *Nota* A <u>classe S e a classe A</u> são para situações semelhantes, mas os critérios de classe S são definidos em termos de <u>iluminação horizontal</u> como preferido por certos países e os critérios de classe A são definidos em termos de <u>iluminação hemisférica</u> como preferido por certos países.

➢ A classe **ES** (de ES1 a ES9, onde ES1 define os requisitos mais rigorosos) é uma extensão das classes A e S para as situações em que a identificação de pessoas ou objectos é particularmente necessária, por exemplo, em áreas de alto risco de crime. Os critérios são em termos de iluminação semicilíndrica e são utilizados para além dos critérios das classes S ou A.

➢ A classe **EV** (de EV1 a EV6, onde EV1 define os requisitos mais rigorosos) é uma extensão das classes CE, A e S para as situações que requerem boa visibilidade de superfícies verticais, por exemplo cabines de portagem. Os critérios são em termos de iluminação vertical [23].

Os valores de referência de cada classe, para luminância, iluminação e uniformidade, são detalhados no Anexo 1. A classe de iluminação **P** é exposta de forma complementar neste anexo, uma vez que algumas normas nacionais (alemã, romena, austríaca, croata, checa, eslovaca ou eslovena) a consideram separadamente, destinada ao tráfego pedonal e de baixa velocidade, a fim de cumprir o indicador-chave de qualidade "reconhecimento facial". O parâmetro "composição do tráfego", introduzido pelo Relatório Técnico CIE 115:2010, considera a influência dos diferentes utilizadores de uma determinada área de tráfego no risco resultante causado, por exemplo, por diferenças na velocidade de movimento e/ou alterações das condições visuais. Permite ter em conta os diferentes utilizadores de uma área de tráfego; peões, ciclistas e veículos motorizados, (separados ou em conjunto) num determinado momento [24].

2.2.3. Sistemas de gestão e controlo da iluminação

O sistema de monitorização do consumo de electricidade é um sistema de monitorização localizado em pontos de troca (painéis, pontos de ignição).

As plataformas de gestão remota são concebidas para gerir, monitorizar e controlar a iluminação em toda a cidade, fornecendo informações e análises em tempo real sobre o comportamento da infra-estrutura da iluminação.

As plataformas de gestão remota oferecem vários níveis de acesso:

1. A camada de percepção

Dispositivos com acesso à Internet, desde sensores sem fios, identificação por radiofrequência (RFID), sistema de posicionamento global (GPS), a dispositivos móveis e automóveis constituem a camada de percepção. Trata-se essencialmente de um ecossistema de dispositivos que podem recolher, detectar e trocar informações com outros dispositivos através de várias redes de comunicação, subjacentes às estruturas de dados lógicos das funções de nível superior de uma rede. Esta camada física descreve apenas as características eléctricas dos sinais de controlo. Não descreve o conteúdo informativo da comunicação.

2. A camada de rede

Actua como um intermediário entre a camada de percepção e a camada de aplicação. Transporta a informação bruta recolhida através de uma combinação de tecnologias de comunicação de curto alcance (ZigBee e Bluetooth) e de longo alcance (PLC, Wi-Fi, 3G, 4G, 5G), todas dependentes da capacidade de rede do dispositivo, também conhecida sob o nome de tecnologia middleware. A norma 232 (RS232) foi originalmente desenvolvida para este fim - como um nível de base de intercâmbio electrónico de dados entre dois componentes individuais de um sistema a nível local. Posteriormente, a Norma 485 (RS485) foi introduzida para lidar com uma necessidade de comunicação rápida com uma série de dispositivos de um sistema a curta distância, ou de comunicação mais lenta a longa distância, uma vez que podia comunicar entre vários dispositivos. Hoje em dia, a tecnologia Ethernet é amplamente utilizada, para além de outros protocolos adequados, como por exemplo:

- DALI (Digital Addressable Lighting Interface): Uma norma IEC 60929 adoptada que foi desenvolvida para controlar circuitos de lastro utilizados para a monitorização de equipamentos de iluminação. No entanto, só pode controlar até 64 nós. Sob este protocolo, dois fios que podem ser instalados com os condutores do circuito do ramo de iluminação são ligados aos balastros DALI e aos controladores DALI. Os comandos digitais (tais como On, Off, Dim Up, Go to Scene, etc.) são enviados pelos controladores sobre os dois fios de comunicação para os balastros. O protocolo é bidireccional, na medida em que os comandos podem consultar balastros individuais e as respostas específicas dos balastros com as informações solicitadas, tais como o estado da lâmpada ou o estado do balastro. Cada balastro DALI tem uma memória não volátil que contém as suas próprias definições, tais como endereço, atribuições de grupo, níveis de cena, e taxa de desbotamento. Esta capacidade permite que os sistemas DALI funcionem sem uma unidade de controlo central obrigatória.

- ZigBee é um conjunto de especificações para protocolos de comunicação de alto nível utilizando pequenos rádios digitais de baixa potência com base na norma IEEE 802.15.4 para redes de área pessoal sem fios (WPANs). É uma alternativa de baixo custo, baixa potência, e baixa taxa de dados para redes sem fios. No entanto, tem deficiências em termos de atrasos de pacotes e pode causar lentidão no desempenho da rede.

- 6LoWPAN (IPv6 sobre Redes de Área Pessoal Sem Fios de Baixa Potência). Esta norma não define um protocolo de encaminhamento específico para um determinado sistema. Isto permite uma maior flexibilidade mas requer um esforço adicional na definição dos protocolos utilizados para uma instalação particular [25].

- DMX512 foi desenvolvido em 1986 no âmbito da ANSI E1.11 Entertainment Technology pelo United States Institute for Theatre Technology, é uma norma de transmissão de dados em série assíncrona para controlar equipamento de iluminação e acessórios. Hoje em dia é utilizado principalmente como método Front End para a maioria das aplicações, porque proporciona interoperabilidade tanto a nível de comunicação como a nível mecânico com equipamentos fabricados por diferentes fabricantes. Abrange características eléctricas (com base na norma EIA/TIA 485 A), formato de dados, protocolo de dados, e tipo de conector.

- O KNX (standard) foi desenvolvido como resultado da convergência entre o European Installation Bus (EIB), e a EHSA (European Home Standards Association). A KNX afirma ser "a única norma aberta do mundo para o controlo doméstico e de edifícios". KNX cumpre integralmente a série EN 50090, a Norma Europeia para Sistemas Electrónicos Domésticos e de Edifícios e a ISO/IEC 14543. KNX é comum na Europa e existem múltiplos fabricantes de controlo que comercializam sistemas nos EUA que utilizam KNX [26].

3. Camada de aplicação

Isto é mais importante para o utilizador, pois é aqui que os dados em bruto são recebidos, analisados e processados para exibir feedback em tempo real.

Dependendo da concepção do sistema, a inteligência artificial pode fornecer serviços automatizados com base na informação fornecida. Estes sistemas desempenham um papel importante nas cidades inteligentes para melhorar o nível de vida ao serem incorporados em serviços tais como transportes, gestão de tráfego e iluminação pública. A aplicação das três camadas de IoT na iluminação permite às cidades construir uma rede ligada com um sistema central de controlo e monitorização chamado sistema de gestão central (CMS).

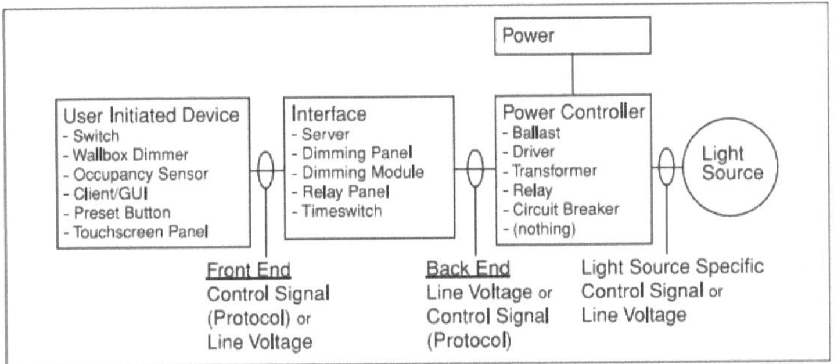

Figura 10 - Arquitectura básica de controlo de iluminação [26]

As plataformas de telegestão têm o papel:

• para gerir a base de dados com os dispositivos de iluminação e implicitamente a possibilidade de desligar/iniciar ou modificar os cenários de funcionamento dos dispositivos de iluminação. Este acesso é geralmente dado às empresas que gerem o sistema de iluminação pública de uma localidade;

• para visualizar e monitorizar os dados disponíveis na plataforma, mas sem ser capaz de controlar os dispositivos de iluminação.

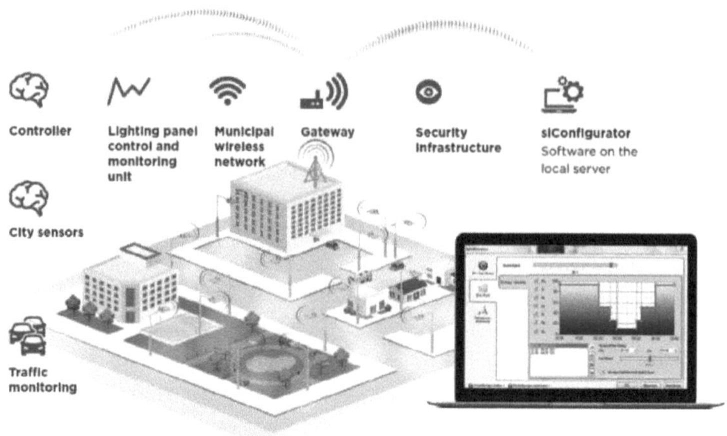

No <u>controlo centralizado da iluminação pública</u>, um sistema central envia o sinal de controlo para todas as luminárias dentro de um grupo (geralmente por um sinal enviado através da linha de alimentação). Esta configuração é comparativamente simples e barata de implementar, mas permite alguma flexibilidade no ajuste da iluminação às necessidades em mudança. Por exemplo, um sensor de luz central poderia determinar quando ligar todas as luzes de um dado grupo que, por exemplo (ao contrário de uma gestão puramente temporal) permite o ajuste às condições meteorológicas locais. Tais sensores devem ser limpos regularmente, a fim de garantir o seu bom funcionamento. Outras opções incluem a escurecimento baseado no tempo que reduz ou desliga a luz de certas lâmpadas em momentos e áreas específicas (por exemplo, à noite, quando o volume de tráfego esperado é baixo). Embora a redução dos custos de energia e da poluição luminosa possa ser substancial, isto pode colocar os participantes no tráfego em maior risco se a sua capacidade de navegação for prejudicada. Assim, aplicações específicas precisam de ser avaliadas cuidadosamente [19].

No <u>controlo dinâmico da iluminação pública,</u> o maior grau de controlo é possível. Não só as lâmpadas podem ser controladas em grupo ou individualmente, mas o servidor central de controlo pode também recolher informações sobre o seu estado dependendo das opções instaladas (por exemplo, falhas, consumo de energia, temperatura de funcionamento ou ambiente, luz ambiente, tráfego, e presença de peões). As alterações à programação também podem ser feitas no servidor de controlo central, em vez de requererem alterações ao hardware físico.

Tanto os sistemas de controlo centralizados como dinâmicos requerem a implementação de sistemas de TIC (Tecnologias de Informação e Comunicação) de vários graus de complexidade. Para além das empresas responsáveis, os representantes das autoridades públicas locais também podem ser incluídos, que têm sob o seu controlo o serviço de iluminação pública através do qual apenas podem aceder à possibilidade de variar o fluxo luminoso relacionado com as luminárias em determinadas áreas em caso de acidente ou crime. O acesso é dado pela Polícia Local ou pela Polícia Nacional ou pela Inspecção para Situações de Emergência em caso de acidente de viação ou crime numa determinada área, a fim de aumentar o nível de iluminação na área.

2.3. Organização dos serviços de iluminação pública

Em conformidade com a legislação nacional sobre serviços comunitários, serviços públicos, serviços de utilidade pública como é o caso, o serviço de iluminação pública é da responsabilidade das autoridades locais da administração pública e é estabelecido, organizado e gerido de acordo com as decisões adoptadas pelas autoridades deliberativas das unidades administrativas-territoriais, dependendo do grau de urbanização, importância económica e social das localidades, dimensão e grau do seu desenvolvimento e em relação à infra-estrutura técnica existente. O sistema de iluminação pública é o conjunto composto por pontos de ignição, caixas de distribuição, linhas eléctricas subterrâneas ou aéreas de baixa tensão, fundações, postes, instalações de aterramento, consolas, luminárias, acessórios, condutores, isoladores, braçadeiras, armaduras, equipamentos de controlo, automatização e medição utilizados para a iluminação pública.

Na situação em que o serviço de iluminação pública é realizado utilizando elementos do sistema de distribuição de energia, as autoridades locais da administração pública têm o direito de utilizar gratuitamente a infra-estrutura eléctrica, com base num contrato celebrado entre as autoridades locais da administração pública e o proprietário do sistema de distribuição de electricidade. Tudo é regulado por um contrato que estipula os aspectos relativos às condições de fornecimento do serviço de iluminação pública, com o respeito justo dos direitos e obrigações de todas as partes envolvidas. A organização e o desempenho do serviço de iluminação pública deve assegurar a satisfação de certos requisitos e necessidades de utilidade pública das comunidades locais, nomeadamente: elevar o grau de civilização, o conforto e a qualidade de vida; aumentar o nível de segurança individual e colectiva no âmbito das comunidades locais, assim como o grau de segurança do tráfego rodoviário e pedonal; valorizar, através de iluminação adequada, os elementos arquitectónicos e paisagísticos das localidades, assim como a marcação de eventos festivos e feriados legais ou religiosos; apoiar e estimular o desenvolvimento económico-social das localidades; operar e explorar em condições de segurança, rentabilidade e eficiência económica das infra-estruturas relacionadas com o serviço. As autoridades da administração pública local devem assegurar a gestão do serviço de iluminação pública com base em critérios de competitividade e eficiência económica e de gestão, tendo como objectivo atingir e respeitar os indicadores de desempenho do serviço, estabelecidos pela delegação de gestão contratual, respectivamente pela decisão de colocação na administração, no caso de gestão directa.

O serviço de iluminação pública é gerido das seguintes formas: a) por gestão directa; b) por gestão delegada. A escolha da forma de gestão do serviço de iluminação pública é feita por decisão do conselho local. Independentemente da forma de gestão adoptada, em virtude das competências e atribuições que lhes competem nos termos da lei, as autoridades locais da administração pública mantêm o direito de aprovar, supervisionar e controlar, conforme o caso; a forma de fundamentar as tarifas e respeitar a metodologia da sua criação, ajustamento ou modificação; a forma de cumprimento das obrigações contratuais assumidas pelos operadores e as actividades por eles desenvolvidas; a qualidade e eficiência do serviço prestado, correspondente aos indicadores de desempenho do serviço, estabelecidos de acordo com a lei; o modo de administração do funcionamento, preservação e manutenção, desenvolvimento e/ou modernização do sistema de iluminação pública.

As relações jurídicas entre a administração pública local ou a associação de desenvolvimento comunitário, conforme o caso, e os operadores do serviço de iluminação pública são regulamentadas por esta:

a) decisão de colocar na administração - no caso de gestão directa;

b) decisão e contratos pelos quais é delegada a gestão dos serviços - no caso de gestão delegada.

As relações jurídicas entre os operadores do serviço de iluminação pública e os seus utilizadores são relações contratuais realizadas com base no contrato de prestação de serviços, desenvolvido pela autoridade reguladora no domínio.

Os bens utilizados para o fornecimento do serviço de iluminação pública podem ser:

a) colocar na administração e funcionamento dos operadores que exercem a gestão directa dos serviços de utilidade pública;

b) concessionados, nos termos da lei, a operadores organizados como sociedades comerciais de capitais públicos, privados ou mistos, que exercem a gestão delegada de serviços de utilidade pública.

O bem público pertencente ao sistema de iluminação pública está sujeito ao inventário anual e é destacado de forma distinta, extra-contável, no património dos operadores, independentemente do método de gestão do serviço ou da organização, da forma de propriedade, da natureza do capital ou do país de origem dos operadores.

Os bens patrimoniais públicos, relacionados com os sistemas de utilidade pública, não podem ser trazidos como uma contribuição para o capital social de sociedades comerciais estabelecidas pela administração pública local ou como participação no estabelecimento de sociedades comerciais de capital misto e não podem constituir garantias para empréstimos bancários contraídos pela administração pública local ou operadores, sendo inalienáveis, imprescritíveis e inalienáveis. Os bens utilizados para o fornecimento/execução do serviço de iluminação pública podem ser colocados na administração ou podem ser concessionados a operadores, de acordo com as disposições legais.

Por conseguinte, a organização e desenvolvimento do serviço de iluminação pública é levado a cabo de modo a satisfazer alguns requisitos/necessidades de utilidade pública das comunidades locais. O serviço de iluminação pública deve ser prestado em todas as vias públicas de circulação no município, em conformidade com os princípios que regem a organização e o funcionamento dos serviços domésticos comunitários. O serviço de iluminação pública cumprirá simultaneamente as seguintes condições de funcionamento:

a) continuidade de um ponto de vista quantitativo e qualitativo, sob as condições contratuais;

b) adaptabilidade às exigências concretas, diferenciadas no tempo e no espaço, da comunidade local;

c) satisfação criteriosa, justa e não-preferencial de todos os membros da comunidade

local, na sua qualidade de utilizadores do serviço;

d) preços competitivos do serviço prestado;

e) administração e gestão do serviço, no interesse das comunidades locais;

f) o cumprimento da regulamentação específica em vigor no domínio do transporte, distribuição e utilização de electricidade.

g) cumprimento das normas mínimas relativas à iluminação pública, previstas pelas regras internas e da União Europeia neste domínio, que são idênticas às da CIE.

O serviço de iluminação pública é organizado e administrado em conformidade com as disposições legais em vigor em matéria de administração pública local, descentralização administrativa e financeira, desenvolvimento regional, finanças públicas locais e em conformidade com os princípios:

a) autonomia local;

b) a descentralização dos serviços públicos;

c) subsidiariedade e proporcionalidade;

d) responsabilidade e legalidade;

e) as associações intercomunitárias;

f) desenvolvimento sustentável e correlação das necessidades com os recursos;

g) protecção e conservação do ambiente natural e construído;

h) assegurar a higiene e saúde da população;

i) administração eficiente da propriedade pública ou privada das unidades administrativas-territoriais;

j) a participação e consulta dos cidadãos;

k) livre acesso à informação sobre serviços públicos;

Qualquer desenvolvimento e modernização do serviço de iluminação pública deve ser feito de acordo com um *plano director de iluminação urbana*. Este documento é um plano estratégico abrangente de alto nível que consiste numa parte criativa e uma parte técnica. Tem em conta o contexto geográfico, ambiental, histórico, cultural e social de um lugar, bem como as necessidades humanas. A intenção do plano é permitir a criação de um ambiente urbano abrangente e visualmente atractivo após o pôr do sol, com cada um deles concebido separadamente, um espaço distinto com a sua própria qualidade e atmosfera identificáveis. O seu objectivo prático é orientar o desenvolvimento da iluminação artificial e organizar a visão nocturna coordenada do ambiente urbano construído - ao nível de uma cidade, distrito ou local - para o futuro previsível de uma forma sistemática [27]. As principais normas e critérios de iluminação são estabelecidos na parte técnica do plano director, complementados com várias recomendações e directrizes técnicas e um conjunto de objectivos para o desenvolvimento futuro. Em geral, o Serviço de Iluminação Pública deve cumprir os seguintes requisitos mínimos:

a) a universalidade;

b) continuidade de um ponto de vista quantitativo e qualitativo, sob as condições contratuais;

c) adaptabilidade às necessidades dos utilizadores e gestão a longo prazo;

d) adaptabilidade igual e não discriminatória ao serviço público, em condições contratuais;

e) transparência e protecção dos utilizadores.

A parte técnica do plano director de iluminação urbana deve incluir detalhes suficientes para descrever os resultados esperados, mas deve ter flexibilidade suficiente para permitir uma série de propostas ou mudanças criativas ao longo do processo de implementação.

A organização, o funcionamento e a gestão do serviço de iluminação assegurarão:

a) satisfazendo os requisitos qualitativos e quantitativos dos utilizadores, de acordo com as disposições contratuais;

b) saúde da população e qualidade de vida;

c) protecção económica, jurídica e social dos utilizadores;

d) o funcionamento óptimo, em termos de segurança das pessoas e do serviço, da rentabilidade e eficiência económica das construções, instalações, equipamentos e instalações, de acordo com os parâmetros tecnológicos concebidos e de acordo com as especificações, com as instruções de funcionamento e com os regulamentos dos serviços;

e) a introdução de novos métodos de gestão;

f) proteger o domínio público e privado do ambiente, em conformidade com a regulamentação específica em vigor;

g) informar e consultar a comunidade beneficiária local sobre este serviço;

h) respeitar os princípios da economia de mercado, assegurando um ambiente competitivo, restringindo e regulando as áreas de monopólio;

i) a introdução de métodos modernos de elaboração e implementação de estratégias, políticas, programas e/ou projectos no domínio do serviço de iluminação pública.

O conselho local pode também aprovar outros indicadores de desempenho baseados em estudos de viabilidade, nos quais será dada prioridade às necessidades das comunidades locais, ao estado técnico e à eficiência dos sistemas de iluminação pública existentes, bem como às normas mínimas relativas à iluminação pública, fornecidas pelas regras internas e da União Europeia neste domínio.

A gestão dos serviços de iluminação pública é organizada ao nível do município de acordo com o critério da relação custo/qualidade óptima para o serviço prestado à comunidade e terá em conta a dimensão, o grau de desenvolvimento e as particularidades económico-sociais da localidade, o estado das instalações e equipamento técnico existentes, bem como as possibilidades de financiamento local da sua exploração, manutenção e desenvolvimento.

A criação, desenvolvimento e modernização dos sistemas de iluminação pública baseiam-se em estudos de viabilidade preparados por iniciativa da autoridade local da administração pública, que analisarão a necessidade e oportunidade da sua criação/desenvolvimento, avaliarão os indicadores técnico-económicos, identificarão as fontes de financiamento do investimento e indicarão a solução óptima de um ponto de vista técnico-económico.

A escolha da forma de gestão dos serviços de iluminação pública é feita por decisões do Conselho Local. Independentemente da forma de gestão adoptada, as actividades específicas do serviço de iluminação pública são organizadas e realizadas com base num caderno de encargos e num regulamento do serviço, através do qual são estabelecidos os níveis de iluminação ou de luminância, conforme o caso, os indicadores de desempenho do serviço, as condições técnicas, as relações operador-utilizador, bem como o método de cobrança, de facturação e de recolha da contrapartida do serviço prestado, em conformidade com este regulamento. Independentemente da forma de gestão dos serviços de iluminação pública adoptada, a administração pública local procurará obter um serviço de iluminação pública correspondente ao interesse geral das comunidades locais que representa, em conformidade com a legislação interna e os regulamentos da CIE.

CAPÍTULO 3. POLUIÇÃO LUMINOSA E SEUS EFEITOS

3.1. Visão global sobre questões de iluminação pública

A iluminação pública foi denominada "o sistema nervoso de uma cidade", ligando centenas de milhões de candeeiros de rua com acesso ao poder em todo o mundo. Estima-se que, a nível mundial, existem cerca de 320 milhões de postes de iluminação pública, com um crescimento previsto para mais de 361 milhões no final de 2029, com a Ásia a representar 25%, a Europa e a América do Norte 20% e a América do Sul 10%. A densidade de iluminação mundial, em termos de população urbana para cada ponto de iluminação, é em média cerca de 13, variando de 7 países europeus a mais de 20 na Ásia-Pacífico [28]. Este número em constante aumento tornou a iluminação responsável por 19% do consumo global de electricidade (Figura 11), equivalente à quantidade de electricidade consumida pela Alemanha - a quarta maior economia do mundo, e está a contribuir para os níveis já ultrapassados de emissões de CO_2. Dado que, de acordo com a ONU, 68% da população mundial total viverá em áreas urbanas até 2050, parece mais imperativo do que nunca proteger os limitados recursos das cidades. Os municípios enfrentam o desafio de criar um ambiente seguro para os seus habitantes actuais e futuros, sendo simultaneamente eficientes em termos energéticos e de custos [29].

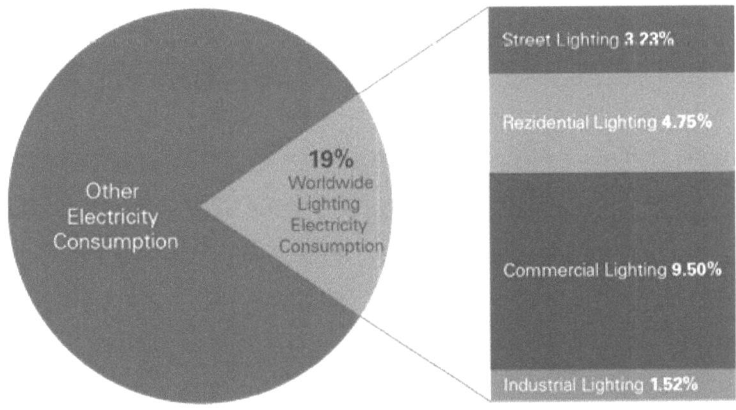

Figura 10 - Consumo global de electricidade de iluminação

Os objectivos do quadro climático e energético para 2030 estabelecem que devem ser alcançados pelo menos 40% de cortes nas emissões de gases com efeito de estufa (realçados aos níveis de 1990), pelo menos 32% de quota para as energias renováveis e pelo menos 32,5% de melhoria na eficiência energética. Além disso, os objectivos de economia neutra para o clima de 2050 afirmam que até 2050 as emissões líquidas zero de gases com efeito de estufa devem ser atingidas, através de uma transição socialmente justa e de forma rentável. Neste contexto, o sector da iluminação deve passar por mudanças e modernizações, algo que nos países desenvolvidos começou a materializar-se através do *conceito de cidade inteligente*, melhor aceitação de protocolos padrão para sistemas de controlo de iluminação e a introdução de novas características como análise de dados e geração de eventos API. A indústria das cidades inteligentes é um mercado de 600 biliões de dólares, com 600 cidades em todo o mundo a gerar 60% do PIB mundial até 2025 [29]. As receitas do mercado da iluminação pública aumentaram com 16,7% para 12,7 mil milhões de USD em 2022, e atingirão 27,7 mil milhões de USD em 2026, com um CAGR de 20,5% [30].

Com mais de 60% da população mundial a viver nas cidades até 2050, surge outro problema, para além do consumo de energia e das emissões de carbono, resultante da expansão dos sistemas de iluminação - poluição luminosa. Muitos estudos têm agora demonstrado que a poluição luminosa, proveniente das luzes de rua e outras fontes, pode ter grandes impactos no ambiente natural, inclusive no humano, com impacto emacional e biológico. Estima-se que a potência das emissões globais de luz observáveis por satélite aumentou de 1992 a 2017 em pelo menos 49% [31]. Este número tornou-se óbvio quando o Atlas Mundial do Brilho do Céu Nocturno, um mapa gerado por computador baseado em milhares de fotografias de satélite, foi publicado em 2016. Disponível online para visualização, o atlas mostra como e onde o nosso globo é iluminado à noite. Vastas áreas da América do Norte, Europa, Médio Oriente e Ásia estão a brilhar de luz, enquanto apenas as regiões mais remotas da Terra (Sibéria, Sara, e Amazónia) estão na escuridão total. Alguns dos países mais poluídos pela luz no mundo são Singapura, Qatar, e Kuwait.

O brilho do céu é o brilho do céu nocturno, principalmente sobre áreas urbanas, devido às luzes eléctricas dos carros, postes de iluminação, escritórios, fábricas, publicidade exterior, e edifícios, transformando a noite em dia para pessoas que trabalham e brincam muito depois do pôr-do-sol.

Figura 11 - Mapa de poluição luminosa gerado em 1st Fevereiro 2023 (Visible Infrared Imaging Radiometer Suite - VIIRS instrument)

As pessoas que vivem em cidades com altos níveis de brilho do céu têm dificuldade em ver mais do que um punhado de estrelas durante a noite. Além disso, a Via Láctea é uma noção abstracta para muitos jovens de hoje, porque já não pode ser observada a olho nu. Os astrónomos estão particularmente preocupados com a poluição do céu, uma vez que esta reduz a sua capacidade de ver objectos celestes. Mais de 80% da população mundial, e 99% dos americanos e europeus, vivem sob o brilho do céu. Parece bonito, mas o brilho do céu causado por actividades antropogénicas é uma das formas mais difundidas de poluição luminosa [32].

3.2. Definição e características da poluição luminosa

A poluição luminosa, em termos simples, é a presença de luz artificial excessiva no ambiente nocturno. A poluição luminosa é produzida por iluminação urbana ineficiente, iluminação incorrecta de estradas e auto-estradas ou iluminação privada inadequada e causa toda uma série de problemas ao ambiente e ao ser humano. A poluição luminosa representa a parte da luz gerada pela instalação de iluminação que não é utilizada como pretendido, ou seja, para a iluminação da área de carga visual e da área adjacente à carga visual, sendo distribuída por outras áreas do espaço, onde não é necessária. É certamente um efeito secundário da expansão humana e do desenvolvimento da civilização.

A poluição luminosa é caracterizada por:

★ o impacto desagradável causado pela direcção incorrecta da luz que cai sobre a área iluminada;

★ o desconforto gerado pela luz dissipada na área imediata;

★ o céu brilha, que se ilumina à noite como resultado de reflexos directos e indirectos de radiação visível e invisível, de partículas dispersas que se encontram na atmosfera (moléculas de gás, aerossóis e partículas sólidas) na direcção dos olhos do observador.

A iluminação é considerada "poluente" quando a luz é distribuída nos locais onde não é necessária ou destinada, tais como algumas áreas de bairros residenciais, estradas, arenas desportivas, etc. A principal razão pela qual a poluição luminosa é excessiva nestes locais é a existência de infra-estruturas convencionais de iluminação pública. Embora as luzes de rua sejam essenciais para a população urbana, uma vez que iluminam os caminhos escuros à noite, são também a maior fonte de poluição luminosa.

A poluição luminosa significa:

- enormes custos de energia desnecessários;
- questões de segurança;
- a destruição de ecossistemas com base na sequência nocturna-dia;
- problemas de saúde a nível da população;
- actividade reduzida dos observatórios astronómicos, bem como dos astrónomos amadores.

A fim de minimizar a poluição luminosa, a Norma Europeia de Iluminação EN 12464 não só fornece os valores do índice global de classificação do brilho (UGR), mas também os valores de intensidade luminosa em direcções indesejadas e de penetração da luz em propriedades privadas. A penetração da luz através das janelas pode ser apreciada pela iluminação vertical, o brilho pode ser identificado pela intensidade da luz, o brilho do céu pode ser determinado pelo rácio de luz de uma luminária, e o brilho de um edifício pode ser percebido pelo observador pela luminosidade da sua superfície. A EN 12464-2:2014 define os requisitos para proteger o ambiente à noite e para controlar a luz intrusiva das instalações de iluminação exterior sobre a flora, a fauna e as pessoas. Estes requisitos baseiam-se em 4 zonas ambientais, com limites a partir da tabela 4.

Tabela 4 - Máxima luz intrusiva permitida para instalações de iluminação exterior

Ambiental zona	Luz sobre as propriedades		Intensidade luminosa		Relação de luz para cima	Luminância	
	E_v [lx]		I [cd]		ULR [%]	L_b [cd/m $]^2$	L_s [cd/m $]^2$
	Precurfe w	Postcurfe w	Precurfe w	Postcurfe w		Fachada do edifício	Sinais
E1	2	0	2500	0	0	0	50
E2	5	1	7500	500	5	5	400
E3	10	2	10000	1000	15	10	800
E4	25	5	25000	2500	25	25	1000

E1- áreas naturalmente escuras, como parques nacionais, sítios protegidos

Áreas E2 com baixo brilho, tais como zonas residenciais rurais ou zonas industriais

E3- zonas de brilho médio, tais como subúrbios industriais ou residenciais

Áreas E4 com alto brilho, tais como centros urbanos ou áreas comerciais

E_v - o valor máximo de iluminação vertical das propriedades, em lux

Intensidade da luz I de cada fonte na direcção potencialmente disruptiva, expressa em candelas

L_b - luminância média máxima das fachadas dos edifícios, em cd/m^2

Ls - luminância média máxima dos sinais em cd/m^2

ULR (Upward Light Ratio) é a proporção do fluxo das fontes de luz que é emitida acima da horizontal quando uma luminária é montada na sua posição instalada. É a percentagem máxima permitida do fluxo da luminária que vai directamente para o céu [34].

"Curfew state" - é o tempo após o qual serão aplicados requisitos mais rigorosos para o controlo da luz perturbadora. É frequentemente uma condição na utilização da iluminação pública, imposta pela autoridade de planeamento local. Se não for regulada localmente, é considerada às 23.00 p.m.

A invasão da luz nas janelas pode ser verificada pela iluminação vertical, o brilho pode ser identificado pela intensidade da luminária, o brilho do céu pode ser determinado pela relação de luz ascendente de uma instalação de iluminação, e o brilho de um edifício pode ser percebido pelo observador através da sua luminância [35].

3.3. Efeitos extrínsecos da poluição luminosa

1. A *poluição visual* é uma questão estética e refere-se aos impactos da poluição que prejudicam a capacidade de desfrutar de uma paisagem ou vista terrestre. Perturbam as áreas visuais das pessoas, criando alterações prejudiciais no ambiente natural. Os painéis, o armazenamento aberto de lixo, antenas, fios eléctricos, edifícios e automóveis são frequentemente considerados poluição visual. Uma sobrelotação de uma área causa poluição visual. A poluição visual é definida como o conjunto de formações irregulares, que se encontram na sua maioria na natureza. Os efeitos da exposição à poluição visual incluem: distracção, fadiga ocular, diminuição da diversidade de opiniões, e perda de identidade [36].

Os elementos mais poluentes são considerados como sendo linhas aéreas de alta e muito alta tensão principalmente empilhadas em postes de iluminação, bem como postos de transformação. Foram feitas e continuam a ser procuradas formas e propostas para reduzir os efeitos negativos, visando tanto a concepção dos postes como as rotas, escondendo as linhas eléctricas atrás de alguns elementos naturais. A "camuflagem" das linhas eléctricas aéreas é aplicada ao atravessar estradas com a ajuda de áreas arborizadas ou na rota, utilizando o desnível natural do solo.

Identificado com a poluição estética, é reconhecido também em áreas urbanas por uma aglomeração de cores de diferentes brilhos e imagens digitais manipuladas que não formam uma paisagem unitária.

2. *Impacto psicológico da poluição luminosa* pela perturbação das dimensões de avaliação da cena. A análise dos estudos psicológicos ambientais destacou os variados impactos que a natureza tem sobre os seres humanos, bem como as preferências pessoais em relação a estes tipos de cenários. Essa análise revelou que as pessoas relatam níveis mais elevados de bem-estar e efeitos melhorados no funcionamento cognitivo, como a memória e a resolução de tarefas. As pessoas também parecem preferir vastamente os cenários naturais em detrimento dos cenários criados pelo homem e procuram oportunidades de experimentar a natureza. Infelizmente, a poluição pode ter um impacto negativo sobre a vivência de tais cenários [37].

A poluição psíquica reside também na sensação de medo que as instalações eléctricas que fornecem o sistema de iluminação causam no factor humano, que se manifesta através do medo de uma natureza temporária, tal como "o accionamento inoportuno de interruptores na vizinhança imediata" ou de uma natureza permanente, tal como "o medo inspirado pelos supostos efeitos do campo eléctrico e magnético sobre o estado de saúde".

3. O *impacto da poluição luminosa na saúde humana* foi recentemente demonstrado. Como a iluminação (ambiental, residencial, artificial, exposta, arquitectónica, industrial) é indispensável à vida moderna, coloca-se a questão: pode esta exposição ser limitada ou adaptada? Dado que o desenvolvimento urbano tende a ser vertical, e os futuros edifícios

inteligentes devem incluir todos os elementos do ambiente clássico, a iluminação artificial será não só uma utilidade, mas também um elemento de estética e de conforto. O urbanismo vertical, do subsolo às nuvens, tem de concentrar casas, escritórios, lojas, restaurantes, parques, até mesmo ruas, com benefícios óbvios para as pessoas que trabalham, para o ambiente que pode regenerar-se em redor. Estes aspectos também prestam especial atenção aos efeitos secundários, no que diz respeito à iluminação artificial. O aumento da concentração urbana traz também o aumento da iluminação intensiva, implicitamente à poluição luminosa.

A investigação médica sugere que a poluição luminosa pode causar uma variedade de efeitos adversos para a saúde. Isto pode incluir um aumento da ansiedade, stress fisiológico, fadiga e dores de cabeça. A exposição excessiva à luz pode também afectar o estado de alerta e o humor de um ser humano. A poluição luminosa determinada pela presença de luz indesejada pode causar problemas como a falta de sono, porque reduz a produção de melatonina. Não dormir o suficiente pode contribuir ainda mais para problemas de saúde e prejudicar a qualidade de vida.

Os últimos avanços da ciência fotobiológica levaram a descobertas que irão impor mudanças nas recomendações de iluminação, tanto no campo médico como no campo técnico. De acordo com a nova abordagem e princípios de iluminação saudável, as fontes com um comprimento de onda dominante no intervalo (450-480, 500) nm, apresentam os valores mais elevados de eficiência circadiana. Em termos circadianos, o lux melanópico é a medida fotométrica que caracteriza como os fotorreceptores da retina (células contendo melanopsina) que fornecem o principal input ao marcapasso circadiano reagem à luz. Foi demonstrado que a luz azul pode reduzir a sonolência (aumentando assim a prontidão), sendo adequada para a iluminação ambiente durante o dia, mas azul com brilho mínimo, uma vez que a meio brilho proporciona um elevado valor de irradiação quântica. Aqui deve ser considerado que os seres humanos também passam muito tempo dia e noite a utilizar dispositivos informáticos que emitem luz azul. Na gama correspondente do espectro electromagnético, a luz azul tem muita energia (3,10 eV) à qual o nosso sistema biológico é realmente sensível. Estas considerações servem como pressupostos para conceber um sistema de iluminação saudável para espaços educacionais, residências e escritórios, onde a exposição à luz é longa, com uma média de 8 horas por dia. Em oposição, a luz vermelha tem uma resposta de dose baixa e é menos actínica, sem diferenças nos fotorreceptores oculares para metade e luminosidade mínima. Por conseguinte, a luz quente e avermelhada pode ser destinada a espaços recreativos e ambientais, ou a cenas ambientais nocturnas.

Outro aspecto chave a ser considerado no futuro design de iluminação urbana vertical/ compacta é a cor aparente. É considerada como a cor percebida de um objecto resultante do conteúdo de cor da fonte de luz, das propriedades reflectoras do objecto e da adaptação do olho ao ambiente iluminado. Para além do conforto e da sensação visual que a fonte de luz deve induzir, existem efeitos secundários tais como comportamentais, emocionais e psicofisiológicos. Estes aspectos dos símbolos de cor são essenciais no design, não só esteticamente, mas também pelo seu valor afectivo:

Cor	Efeito comportamental	Efeito emocional	Efeito psicofisiológico
Vermelho	Agressivo Perigoso Energia	Optimista/ Feliz Paixão Raiva	Quente (aumenta a pré-astura de sangue e o ritmo cardíaco)
Verde	Avareza Tédio	Pacíficas (hipnóticas) Fresco	Silêncio Concentração
Azul	Conservador Loyal Confiando em	Calma Aberto Serenidade	Frio (baixa a pré-medida de sangue) Sem Emoção
Amarelo	Cuidado Extroversão Criatividade	Descontraído Esperançoso Felicidade	Ansiedade Agressividade Frustração
Laranja	Movimento	Animado	Morosidade

	Coragem Ignorância	Suave/ Romântico Confiança	Frivolidade
Púrpura	Surpresa Sofisticação Introversão	Solene (nobre) Misterioso	Insónia

Portanto, a duração da exposição e a cor da luz podem influenciar os comportamentos e os estados mentais [38].

Outra forma de poluição luminosa que ocorre devido à fraca iluminação exterior pode criar condições de condução inseguras. O encandeamento pode cegar parcialmente os condutores ou peões e contribuir para acidentes.

Finalmente, podemos também acrescentar as concentrações dadas pelas emissões de carbono. Existem mais de 317 milhões de candeeiros de rua a nível mundial, e o número aumentará para 363 milhões até 2027 [39]. Todos eles utilizam a electricidade gerada pela queima de combustíveis fósseis. As emissões de carbono (provenientes principalmente da queima de combustíveis fósseis) representaram 32,5 Gt em 2017 e, olhando para a procura global de energia, continuarão a aumentar nos próximos anos, a menos que sejam tomadas medidas drásticas. O aumento das emissões de carbono significa um aumento da temperatura da superfície terrestre, o que leva a efeitos nocivos nos ecossistemas do nosso planeta, na biodiversidade e nas nossas condições de vida e ritmo de vida.

4. *Impacto no ecossistema da poluição luminosa,* interferindo com o seu ritmo biológico. Desde há mil milhões de anos, a vida multicelular nesta Terra existe com um calendário dia-noite regular e fiável de níveis de iluminação no ambiente. Esta regularidade está enraizada no ADN das espécies para cima e para baixo da nossa árvore evolutiva, em benefício da nossa vantagem biológica. A luz natural entra ou regulariza as actividades

biológicas básicas e fundamentais através das espécies, desde as plantas até nós, humanos. Os efeitos da poluição luminosa sobre as plantas e animais no ambiente são numerosos e estão a tornar-se mais conhecidos ao longo do tempo. As futuras construções verticais inteligentes terão de integrar muitos espaços verdes, para os quais a geometria do edifício não permite a absorção total da luz natural. Muito provavelmente as plantas nestas áreas serão implicitamente sujeitas a iluminação ambiente pré-existente, o que não favorece o seu desenvolvimento normal. A fotossíntese das plantas ocorre apenas quando um comprimento de onda específico é absorvido; ou seja, apenas sob cores de luz específicas. A luz vermelha é muito importante no cultivo de plantas. Os pigmentos fitocrómicos absorvem as radiações vermelhas e as partes periféricas do espectro da luz vermelha. Eles regulam a germinação da semente, o desenvolvimento radicular, a formação de tubérculos e bulbos, o chamado período de "dormência", a floração e a produção de frutos. Por conseguinte, a luz vermelha é essencial para estimular a floração e a formação de frutos. Para as plantas de aquário, a luz vermelha estimula o desenvolvimento da altura da planta, determina a tensão e o vigor do caule e ajuda na formação das raízes. Os comprimentos de onda vermelhos, principalmente absorvidos pelas plantas, situam-se entre 650 - 680nm (vermelho e laranja). Uma absorção mínima ocorre nos comprimentos de onda 500 - 580nm (espectro de onda longa vermelha), o que infelizmente favorece também o crescimento do fitoplâncton.

A luz azul estimula a produção de clorofila mais do que qualquer outra cor. Determina a composição e densidade da consistência do caule das folhas, ajuda a formar um sistema vegetativo compacto (folhas e ramos densos). As plantas vermelhas utilizam principalmente a luz azul. Os comprimentos de onda da cor azul absorvida pelas plantas situam-se entre 400 - 480nm (azul e violeta). Em excesso, um espectro de luz predominantemente azul (>

10000K), favorece a proliferação de algas. As plantas jovens gostam mais da luz azul do que as plantas maduras.

A luz laranja estimula a criação de carotenóides. Os espectros verde e amarelo proporcionam muito pouco ou nenhum benefício às plantas em crescimento. O verde não é de todo utilizado ou absorvido, mas reflectido, e é por isso que a maioria das plantas parecem verdes à luz solar.

É importante conceber o sistema de iluminação tendo em conta os requisitos espectrais da fotomorfogénese da planta. A fotomorfogénese (alterações morfológicas induzidas pela luz numa planta) é regida principalmente pelo tipo de fotorreceptores: fitocromo, criptocromo e fototropina. Se na fotossíntese os receptores são representados por pigmentos assimilantes, na fotomorfogénese os receptores são representados pelo fitocromo. Atingir a iluminação correcta que corresponde à fotomorfogénese das plantas chama suficiência fotomorfogénica. De acordo com este princípio, apenas o fluxo nos comprimentos de onda específicos é utilizado para induzir resultados direccionados. A radiação morfogenética activa (MAR - "Morphogenetically Active Radiation") tem a gama espectral entre 200 e 800 nm. Os sistemas biológicos são geralmente morfogenéticamente vulneráveis à radiação de comprimentos de onda entre 280 nm e 320 nm.

A exposição excessiva ou inadequada à luz em diferentes fases de crescimento influencia também a fotoperíodo. Embora, esta sujeição colateral das plantas à luz artificial pode ser extremamente transformada num benefício com o equilíbrio adequado dos comprimentos de onda, com o objectivo de impulsionar o crescimento das plantas apenas de acordo com a estação do ano. Como as plantas requerem para a fotossíntese radiações de actividade de 650÷680nm (vermelho e laranja) e de 400 - 480nm (azul e violeta) de comprimento, um sistema de iluminação arquitectónico para fornecer luz azul (para o crescimento da folhagem) e luz vermelha (para floração e frutificação) será também de acordo com as considerações anteriores.

No entanto, a fotopoluição continuará a constituir uma barreira para as espécies polinizadoras nocturnas, causará dissimilitudes no tempo para os herbívoros, pode causar danos fisiológicos, alterar interacções competitivas, perturbar a navegação, e alterar as relações predador-presa. A poluição luminosa favorece também a proliferação de algas, que podem matar as plantas do lago e degradar a qualidade da água.

3.4. Efeitos intrínsecos da poluição luminosa

3.4.1. Glare

Luzes deslumbrantes referem-se a luzes de brilho excessivo que causam desconforto visual e que entram directamente na nossa retina, tornando-nos difícil ver a diferença entre as áreas iluminadas e escuras (Figura 12). Por outras palavras, elas aumentam o contraste entre o escuro e o claro. Por exemplo, quando olhamos directamente para o filamento de uma lâmpada, já não conseguimos ver o que está por detrás dela, devido à luz ofuscante que entra nos nossos olhos. Uma luz muito brilhante que brilha directamente nos olhos dos peões ou condutores pode prejudicar a visão nocturna durante até uma hora após a exposição. Isto constitui um perigo, especialmente nas vias públicas onde tal luz pode mesmo cegar temporariamente os condutores ou os peões, aumentando o risco de acidentes.

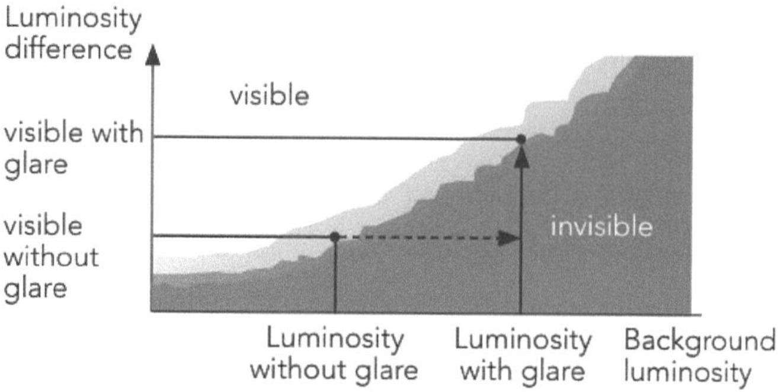

Figura 12 - Visibilidade com e sem ofuscamento [19]

Este tipo de brilho pode ser de vários tipos:

- O brilho deslumbrante ou o **brilho desconfortável** tem efeitos semelhantes aos causados pela luz solar. Produz uma deficiência visual temporária ou permanente. Como existe uma relação entre a sensação de desconforto experiente resultante da realização de tarefas visuais num ambiente propício ao encandeamento e as propriedades do sistema de iluminação acompanhado das condições visuais por ele criadas, o encandeamento do desconforto é abordado de forma distinta para a iluminação interior e exterior.

Para as escalas de iluminação interior, este fenómeno subjectivo é classificado com a ajuda da "escala DeBoer de 9 pontos", uma escala que inclui qualificadores nos pontos ímpares: insuportável, perturbador, apenas aceitável, satisfatório, apenas perceptível [40]. Tendo em conta que muitos fenómenos na fotometria foram descritos e quantificados utilizando o "olho médio" e certificados pela CIE, consideramos que esta escala subjectiva é um mecanismo básico útil em projectos de iluminação pública ou para testar faróis de automóveis. Existem quatro procedimentos psicofísicos básicos para a medição quantitativa explícita: ajuste, correspondência, discriminação e classificação por categoria [CIE 212:2014], categorizados de acordo com a capacidade de modificar o estímulo e a natureza do estímulo de referência. Dois deles são normalmente utilizados em estudos de avaliação do

70

desconforto do brilho - ajustamento e classificação de categoria. Embora igualmente válidos como procedimentos de teste, a correspondência e a discriminação raramente têm sido utilizadas para avaliar o desconforto causado pelo encandeamento. Isto pode dever-se ao facto de serem duas tarefas intermédias em que a cena de teste é comparada com uma cena de referência visual (por exemplo, como duas cenas lado a lado observadas simultaneamente, ou, como duas cenas observadas uma após a outra no mesmo local espacial), exigindo uma cena visual adicional a ser montada [41]. CIE 115:2010 e EN 13201-2:2015 estabelecem classes de valor de brilho de desconforto, como no Quadro 6. O índice D depende da altura de montagem da luminária e pode ser calculado com a fórmula:

$$D = L - A^{0.5}$$

onde:

L - luminância média na direcção entre 85^0 e 90^0 a partir do eixo vertical do corpo/do dispositivo de iluminação [cd/m];^{2}

A - a superfície emissiva do corpo/dispositivo de iluminação na direcção que forma 90^0 com o eixo vertical do corpo/dispositivo de iluminação.

Tabela 6 - Índice de ofuscamento do desconforto

Índice D	D0	D1	D2	D3	D4	D5	D6
Altura de montagem da luminária (m)	>6		6÷4.5		< 4,5		
Brilho máximo (cd/m2)	-	7000	5500	4000	2000	1000	500

Existe um segundo sistema utilizado para avaliar o ofuscamento do desconforto é baseado no Visual Comfort Probability (VCP), desenvolvido por S.K. Guth em 1971 e adoptado oficialmente nos EUA. Este sistema de avaliação avalia a redução subjectiva do conforto das pessoas para realizar uma tarefa considerando um determinado ambiente visual (intimamente ligado à fadiga e à perda de acuidade visual). Neste caso, é calculado um índice de sensação da fonte de brilho "M":

$$M = \frac{0.5 \cdot L_S \cdot Q}{P \cdot F^{0.44}} \quad \text{e} \quad Q = 20.4 \cdot W_s + 1.52 \cdot W_s^{0.2} - 0.075$$

onde Ls (cd/m^2) é a luminância da fonte de claridade, F (cd/m^2) é a luminância média do campo visual, P é o índice de posição da fonte, e Q é a função do ângulo sólido Ws (sr) que subtrai a fonte ao olho de um observador médio. O índice M é logaritmoticamente inverso traduzido para uma escala de Boer e é descrito por nove estados que avaliam instalações com um intervalo de "1" inaceitável com um máximo de 10.000 a um brilho insignificante "9" com um mínimo de 70 [42].

 Assim, o brilho de desconforto depende da posição da luminária, do tamanho e número de fontes de brilho, do nível de adaptação do observador e da luminância.

Um método quantitativo para avaliar o brilho do desconforto é o BCD - Borderline between Comfort and Discomfort. Aqui os participantes são autorizados a ajustar a luminância de uma fonte de brilho até perceberem um subjetivo de brilho de fonte que causa desconforto. IES LS-1-22 incluído na sua nomenclatura BCD como a luminância média de uma fonte num campo de visão que produz uma sensação entre o conforto e o desconforto.

UGR - Unified Glare Rating - é utilizado como alternativa ao VCP em outras áreas que não os EUA, para avaliar o grau de brilho psicológico de uma instalação de iluminação (ver Tabela 7). Apenas para espaços interiores, este valor é definido numa escala de 10 a 30 e calculado com uma fórmula logarítmica, uma vez que a resposta dos nossos olhos à luz é logarítmica:

$$UGR = 8 \cdot \log \left(\frac{0.25}{L_{background}} \right) \sum_n \left(\frac{L^2 \cdot \omega}{p^2} \right)$$

Onde $L_{background}$ é a luminância de fundo, L é a luminária da área, ω é o ângulo sólido da luminária a partir da posição do observador e p é a posição do índice de Guth para cada luminária (deslocamento a partir da linha de visão) - Figura 13.

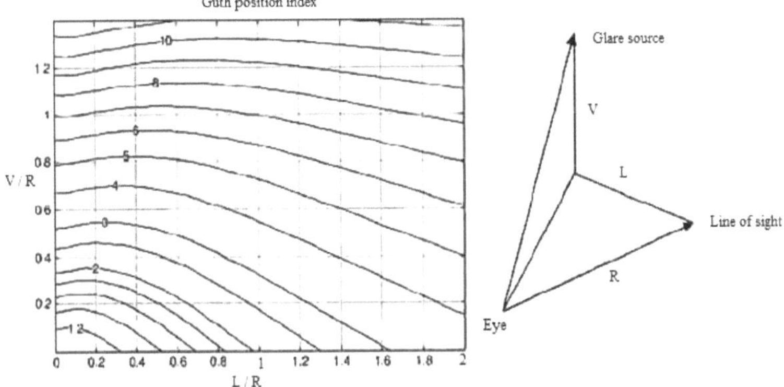

Figura 13- Indicador de posição de Guth de cada luminária de luz ofuscante em relação
à direcção da observação

Tabela 7 - Valores UGR e VCP correlacionados [43]

UGR	Critério do brilho do desconforto	**Equivalente a VCP**
11.6	Imperceptível	90%
16	Perceptível	80%
19	Apenas aceitável	70%
21.6	Inaceitável	60%
25	Apenas desconfortável	50%

Para cenas de *iluminação exterior* são utilizadas métricas diferentes das cenas de iluminação interior apresentadas acima. Três métricas são porpostos para este caso na literatura: CBE (Cumulative Brightness Evaluation), GCM (Glare Control Mark) e Schmidt-Clausen e Bindels [44].

A Avaliação de Brilho Acumulado, também conhecida como "efeito cumulativo cornsweet", é um gradiente de luminância idêntico que dá um único efeito de brilho de superfície. O factor crítico que gera o efeito cumulativo é a mudança contínua de luminância que ocorre ao longo de cada borda do padrão, mas não a grelha de rampa. Neste caso, a luminância diminui de ambos os lados da borda, imitando (embora não exactamente) as mudanças que aconteceriam a uma borda de reflectância fixa sob um gradiente de iluminação. Em contraste, na grelha de rampa, o passo de luminância é constante ao longo de toda a borda, não dando qualquer peso adicional a uma explicação de iluminação [45]. O CBE tolerável é definido com:

$$CBE_{tol} = \frac{67.1}{L_b^{0.5}} \sum_n (\frac{L_i^{1.67} \cdot \omega_i}{8.8 \cdot 10^{-3} \cdot \theta_i^2 + 1.35}$$

Onde ω_i é o ângulo sólido da fonte de brilho i[th], θ_i é o ângulo de brilho da fonte (o ângulo entre a tarefa visual e a fonte de brilho), L_b é a luminância de fundo, L_i é a luminância da fonte de brilho i[th] e n é o número de fontes.

A marca Glare Control Mark é um modelo que utiliza a luminária de retrocesso e o número de luminárias por quilómetro para estabelecer a condição de brilho aparente. Baseia-se, como escala de deBoer, numa escala de 9 pontos (Tabela 8).

$$GF = 13.84 - 3.31 \cdot log I_{80} + 1.3 (log \frac{I_{80}}{I_{88}})^{0.5} - 0.08 log \frac{I_{80}}{I_{88}} + 1.29 \cdot log F$$
$$+ 0.97 \cdot log L_b + 4.41 \cdot log h' - 1.45 \cdot log p$$

Onde G é o brilho avaliado na escala de 9 pontos, I_{80} e I_{88} são as intensidades luminosas da luminária em 80°, respectivamente 88° da vertical, F é a área luminolus da luminária vista em 80° da vertical, L_b é a luminância de fundo, h' é a altura ajustada da luminária e p é o número de luminárias por quilómetro.

Tabela 8 - Escala de avaliação do encandeamento

Marca de Controlo do Brilho GF		Classificação de brilho GR

1	Insuportável	90
2		80
3	Perturbador	70
4		60
5	Apenas Admissíveis	50
6		40
7	Notável	30
8		20
9	Impercetível	10

GCM é baseado no índice Glare Rating, introduzido em 1994 pela CIE como indicador de avaliação de brilho para iluminação desportiva exterior e aplicações de iluminação de área (documento 112-1994 da CIE). A grelha de cálculo do Glare Rating fornece uma indicação do brilho experimentado pelo observador para cada ponto da grelha com base na iluminação de véu produzida pelas luminárias e pelo ambiente (apenas no plano do solo) sobre o olho do observador. É medida à medida que o observador olha para cada ponto da grelha de iluminação horizontal. A classificação do brilho é restrita a grelhas horizontais de pontos abaixo do nível do olho e é utilizada em áreas exteriores e aplicações de iluminação desportiva. Um valor mais baixo de Glare Rating (GR) indica uma melhor restrição do encandeamento.

Para as primeiras experiências conduzidas por investigadores da CIE sobre a classificação de brilho foi necessária uma marca de controlo de brilho GF, relacionada com a primeira, como se mostra no Quadro 8. Uma variação de +/- 0,5 na classificação de brilho é equivalente a uma relação de precisão experimental de +/- 5% na relação de Luminância. O cálculo da Classificação de Brilho não tem em conta entidades reflectoras ou obstrutivas em torno ou dentro da grelha GR.

À medida que o marcador GF aumenta de valor, a melhor restrição de brilho que é fornecida pela instalação. A escala de avaliação do encandeamento fornece informação visual significativa relativamente às diferenças nos valores de classificação do encandeamento [46]. A Marca de Controlo de Brilho GF está relacionada com a Classificação de Brilho GR por esta equação:

$$GF = 10 - \frac{GR}{10}$$

Usando GR e um modelo à escala com teste estacionário, Schmidt-Clausen e Bindels desenvolveram uma experiência de iluminação rodoviária para descrever matematicamente o encandeamento [47]. A sua fórmula calcula as classificações de Boer com base na posição da fonte de brilho, as luminâncias de adaptação L_a (o nível de brilho ao qual o olho está adaptado) e a iluminação da fonte de brilho.

$$W = 5 - 2log_{10} \frac{E_{max}}{0.003(1 + \sqrt{\frac{L_a}{0.04}}) \cdot \theta_{max}^{0.46}}$$

Onde W é o valor médio na escala de deBoer, E_{max} é a iluminação máxima medida no olho do observador, θ_{max} é o ângulo de brilho entre a linha de sítio do observador e a luminária no ponto em que ocorre a iluminação máxima [44].

Observa-se que embora pela sua natureza a cegueira psicológica seja um fenómeno subjectivo, existem bastantes modelos e equações que podem quantificar os níveis de luminosidade em diferentes situações de iluminação. Existem tabelas e equações de correspondência que as tornam utilizáveis e adaptáveis para diferentes cenas de iluminação. Por exemplo, muitos autores e algumas normas utilizam também o índice D para avaliação do brilho da iluminação exterior, sendo fácil de calcular.

Experiências empíricas têm demonstrado que o ofuscamento do desconforto ocorre tipicamente a um nível de luz mais baixo do que o ofuscamento com deficiência. Se a luminância da fonte for fixada abaixo do limiar do ofuscamento do desconforto, pode também impedir o ofuscamento por deficiência [42].

- O brilho que produz a cegueira temporária ou o **ofuscamento por deficiência** tem um efeito semelhante ao produzido pelos faróis de um carro, pela luz transmitida através do nevoeiro. Produz uma redução temporária e significativa da capacidade visual, diminuindo a capacidade de percepção de pequenos contrastes. É causado pela dispersão da luz no olho, o que reduz a sensibilidade ao contraste, e também o ofuscamento do desconforto. A norma EN 13201-2:2015 classifica as classes de escudo para o ofuscamento por deficiência dos níveis G1 a G6 (Quadro 9), onde as intensidades são proporcionais ao fluxo da lâmpada durante 1000 lm.

Tabela 9 - Aulas de claridade para claridade de deficiência

Classe do escudo	Intensidade luminosa máxima em cd/klm			Blindagem total
	A 70^0	Aos 80^0	Aos 90 anos^0	
G1		200	50	Sem requisitos
G2		150	30	Sem requisitos
G3		100	20	Sem requisitos
G4	500	100	10	acima de 95° para ser zero
G5	350	100	10	acima de 95° para ser zero
G6	350	100	0	acima de 90° para ser zero

Outro índice para avaliar o brilho da deficiência é o aumento do limiar f_{TI}. Foi estabelecido pela CIE em 1977 e introduzido subsequentemente na EN 13201-2:2015. f_{TI} mede o limiar de contraste que expressa a perda de visibilidade causada pelo brilho perturbador. Este valor, expresso em percentagem, aproxima-se da quantidade de contraste extra em relação ao valor real que é necessário para perceber claramente um objecto uma vez que o encandeamento apareceu. É directamente proporcional à luminância do véu (Lv) e inversamente proporcional à luminância média da estrada (Lm) alimentada por 0,8 [42].

$$f_{TI} = 65 \cdot L_v / L_m^{0.8}$$

A luminância do véu pode ser calculada usando a equação CIE Stiles-Holladay:

$$L_v = k \cdot \frac{E_v}{\vartheta^2}$$

Onde Ev é a iluminação num plano vertical do olho do observador (lx); ϑ é o ângulo de claridade (grau); e k é a idade do observador e equivale à constante 10. O factor idade é ajustado para ter em conta a mudança na percepção da luminosidade com a idade. Empiricamente, é calculado como:

$$k = 9.05(1 + (\frac{age}{66.4})^4$$

Existem também outras fórmulas para o cálculo da luminância do véu: Stiles/Crawford, Fry, Adrian e Bahanji, Hartman, Meskov, Vos, mas todas têm o mesmo formato básico de proporcionalidade.

- O **ofuscamento perturbador** ou recuperação ou readaptação (desempenho visual de regresso ao estado inicial) não cria uma situação perigosa em si, sendo mais irritante ou irritante, mas com exposição a longo prazo pode causar fadiga ocular ou mental. Um resultado clássico comparando a adaptação da luz nas divisões fotópica e escotópica do sistema visual é ilustrado na Figura 14. As condições de estímulo proporcionaram uma sensibilidade escotópica baseada em vara que foi apenas cerca de 30×

melhor do que a sensibilidade fotópica baseada em cone. A região parafoveal foi testada com um pequeno diâmetro amarelo/verde (1° dia., 60 ms, 580 nm) sobre um fundo verde [48].

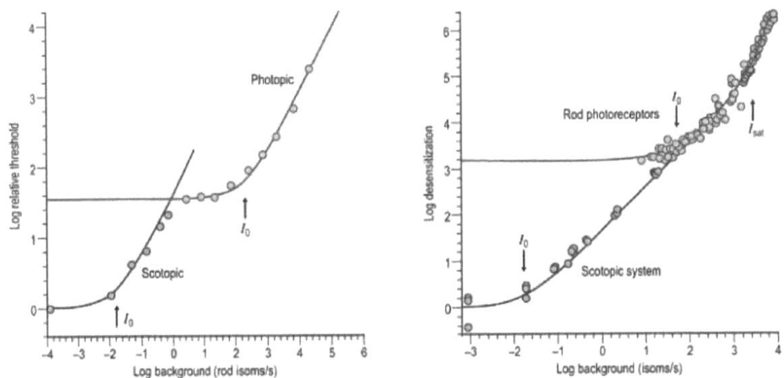

Figura 14 - Adaptação ligeira das divisões photopic (cone) e scotopic (haste) do sistema visual humano

3.4.2. Sobre-iluminação

A nível nacional, a sobre-iluminação é responsável pelo desperdício de dezenas de milhares de barris de petróleo e carvão num único dia. Estudos internacionais têm demonstrado que entre 30-60% da energia consumida para iluminação é totalmente inútil. 1 KW/h de electricidade é equivalente a 0,9 kg de CO_2 . Portanto, uma lâmpada normal de 500W deixada acesa durante toda a noite durante um ano consumirá 2000 kg de CO_2 . Uma quantidade equivalente à consumida por um motor diesel em 13.000 km de sobre-iluminação, definida como a presença de intensidade luminosa superior à que é apropriada para uma actividade específica ou como o uso excessivo de iluminação, é gerada por vários factores:

- Desenhos inadequados de lâmpadas utilizadas em edifícios de escritórios e fixação de padrões de iluminação demasiado elevados para diferentes tipos de trabalho.

- Falta de temporizadores, sensores de presença ou outros tipos de interruptores controlados para apagar a luz quando esta já não é necessária.
- Manutenção inadequada dos sistemas eléctricos levando ao desperdício de energia e, portanto, a custos adicionais.
- Informação e formação insuficientes da população sobre a utilização de sistemas energéticos eficientes.

- A escolha errada dos tipos de luminárias e a sua montagem incorrecta, o que faz com que uma parte do fluxo luminoso seja direccionada para o céu ou para os arredores e não para o chão. A CIE recomenda dois parâmetros para quantificar este efeito:

  o ULR (upward light ratio) que é a percentagem máxima permitida de fluxo luminoso que vai directamente para o céu, e esta é a proporção de luz que é emitida na horizontal ou acima dela quando uma luminária é montada na sua posição instalada. O plano de cálculo deve cobrir a área entre o limite do local e a fachada do edifício ou o serviço vertical a ser iluminado. O plano de cálculo horizontal deve ser colocado na parte superior do tecido do edifício - excluindo as pinças. O plano de cálculo deve estar em pontos de grelha com espaçamento de 0,5m. Plano de cálculo 1 para estender até ao limite do local - máximo 0,50 lx de iluminação directa em qualquer ponto, utilizando os lúmenes iniciais da lâmpada (seta amarela). Plano de cálculo 2 para estender-se desde o limite do local até 4,5m para além do limite do local - máximo de 0,10 lx de iluminação directa em qualquer ponto utilizando lúmenes iniciais da lâmpada (seta azul).

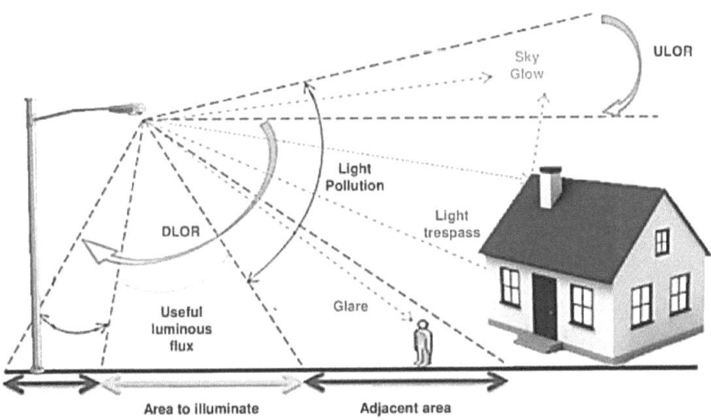

Figura 15 - Esquema da relação de saída de luz [49]

$$ULR = \frac{ULOR}{ULOR + DLOR}$$

Onde ULOR é a razão de saída de luz para cima e DLOR é a razão de saída de luz para baixo (Figura 15).

o UFR (relação de fluxo ascendente) considera a luz reflectida em zonas iluminadas e áreas derramadas, movendo o foco no controlo da luz, sendo composto pelo fluxo luminoso emitido no hemisfério superior, o fluxo luminoso reflectido pela superfície iluminada e o fluxo luminoso reflectido da superfície da área adjacente para a tarefa visual:

$$UPF = \emptyset_l[ULOR + \rho_1 \cdot u + \rho_2(DLOR - u)]$$

Os coeficientes de reflexão típicos $\rho1$ e $\rho2$ podem ser medidos utilizando um reflectómetro, podem ser escolhidos a partir da base de dados do software se for utilizado um programa de cálculo especializado ou estimado de acordo com os seguintes dados:

- superfícies de estrada: 0,06 (escuro) a 0,15 (aberto);

- campos desportivos: 0,04 (passadeira) a 0,24 (betão aberto);

- superfície da água: 0,07 a 0,09;

- areia: 0,38 a 0,42 seca ou 0,22 a 0,28 húmida;

- neve: 0,45 velho e 0,85 fresco;

- de agitação: 0,07 a 0,14;

- culturas: 0,15 a 0,24;

- tijolos: 0,1 a 0,15;

- mármore - dependendo do grau de polimento - 0,3 a 0,7;

- contraplacado - dependendo do grau de rugosidade - 0,25 a 0,4;

- regiões intermédias: de 0,05 a 0,3.

u é a eficiência da luminária.

Se se desejar expressar a UPF dependendo da iluminação, utiliza-se a fórmula equivalente:

$$UPF = E \cdot S \cdot \left[\frac{ULOR}{u} + \rho_1 + \rho_2 \left(\frac{DLOR}{u} - 1\right)\right]$$

Um valor mínimo para UPF é obtido quando DLOR=u e ULOR=0.

Para a classificação de possíveis soluções técnicas de projecto, é desejável aplicar características fotométricas padrão (iluminação, brilho, brilho, uniformidade de iluminação) fluxo luminoso máximo (UPF) que pode ser calculado com a ajuda do computador de acordo com as características fotométricas da luminária [50].

A maioria destes problemas pode ser resolvida com a ajuda das tecnologias modernas existentes, com custos muito baixos; no entanto, há muita inércia na indústria das lâmpadas, e os "velhos hábitos" criam uma barreira à correcção de erros. O mais importante é informar as pessoas de que existe um enorme benefício em reduzir o excesso de iluminação.

3.4.3. Skyglow

O brilho nocturno do céu refere-se à produção de uma "cúpula de luz" sobre áreas congestionadas. Nessas áreas, devido à iluminação pública baseada em lâmpadas de vapor de mercúrio, o céu aparece iluminado com uma cor avermelhada. O brilho do céu nocturno sobre as cidades é causado pelo facto de a maioria das lâmpadas permitir fugas maciças de luz para o céu. Esta luz é reflectida no smog da cidade e nas camadas atmosféricas e produz uma verdadeira auréola. A auréola urbana é frequentemente mais brilhante do que as ruas da cidade onde a luz deveria estar. Neste tipo de poluição luminosa, o desperdício de energia pode ser visto muito claramente. Pode-se vê-lo a caminhar fora da cidade onde se vive.
Distinguem-se dois componentes distintos deste tipo de brilho:

- o brilho natural do céu é o brilho como a parte causada pela radiação proveniente das fontes celestes e dos processos luminescentes que ocorrem nas camadas superiores da atmosfera;
- o brilho artificial do céu como a parte causada pela iluminação artificial exterior, cuja radiação é dirigida directamente para cima e pela radiação reflectida pela superfície iluminada.

O aumento do brilho do céu tem sido motivo de preocupação para a comunidade astronómica durante algumas décadas. Actualmente existem muitas organizações que fazem campanha pela redução da luminância difusa do céu à noite, existem estudos que demonstram os efeitos nocivos deste tipo de poluição, mas não existe nenhuma medida legislativa concreta ou qualquer norma que imponha medidas correctivas. Uma regulamentação da iluminação pública e privada, juntamente com a redução da poluição atmosférica, levaria a uma redução da auréola da cidade (Figura 16).

Figura 16 - A cor do céu nocturno sobre uma cidade iluminada por fontes artificiais

A International Dark-sky Association afirma que numa noite clara e escura é possível ver na região do Reino Unido cerca de 4.000 estrelas. O número de estrelas que podemos ver à noite depende em grande parte da quantidade de luz que emitimos da superfície da Terra. A luz artificial que é excessiva, intrusiva e, em última análise, esbanjadora é chamada poluição luminosa, e influencia directamente o brilho dos nossos céus nocturnos. Com mais de nove milhões de postes de iluminação pública e 27 milhões de escritórios, fábricas, armazéns e casas no Reino Unido, a quantidade de luz que lançamos para o céu é vasta. Enquanto alguma luz escapa para o espaço, o resto é disperso por moléculas na atmosfera, tornando difícil ver as estrelas contra o céu nocturno.

3.4.4. Desarrumação

Qualquer grupo de luminárias, desde que haja um excesso de luminâncias, é considerado foto-poluente. A confusão envolve as luzes de vários tipos que, reunidas, podem causar confusão, podem distrair a atenção dos obstáculos (incluindo aqueles que se destinavam a iluminar), e podem levar a acidentes. Os aglomerados de luzes podem ser vistos especialmente em estradas onde a iluminação é mal concebida ou em locais onde há anúncios iluminados ou iluminados na berma da estrada (Figura 17). Podem facilmente distrair os condutores e conduzir a acidentes. Grandes estradas e curvas em auto-estradas também seguem padrões de iluminação especialmente concebidos para não distrair ou confundir os condutores. Os aglomerados de luzes também podem ser perturbadores ou perigosos para o tráfego aéreo, com uma iluminação inadequada das estradas ou áreas próximas dos aeroportos, criando confusão para os pilotos. É por isso que as áreas urbanas nas imediações dos aeroportos devem frequentemente obedecer a padrões de disposição de luz. Os parques de estacionamento dos hipermercados, os blocos cheios de publicidade e painéis publicitários iluminados, os painéis indicadores luminosos (por exemplo, nas estações de serviço das cidades), todas estas luzes poluem-nos todas as noites.

Figura 17 - Visão geral da iluminação exterior de Nova Iorque

3.4.5. Invasão de propriedade aligeirada

As propriedades privadas estão cada vez mais sujeitas à luz indesejada e perturbadora de fontes estrangeiras, tais como faróis de uma auto-estrada, iluminação pública ou publicidade excessiva. O efeito, muitas vezes não percebido conscientemente e facilmente ignorado, acumulado a longo prazo pode causar desde interrupções das actividades actuais, privação do sono, até ao stress psicológico. A luz pode diminuir a pontuação da depressão e até aumentar o desempenho cognitivo, como o tempo de reacção e activação. A Sociedade de Engenharia Iluminadora (IES) através da IES Light Logic mostra que existe uma correlação entre vários efeitos de iluminação, distribuição da luz e como esta pode ter impacto num espaço (Tabela 10, após [51]).

Tabela 10 - Direcção de um impacto ligeiro nos ocupantes num espaço pessoal

Impacto psicológico	Distribuição de luz	Efeito de iluminação
Tenso	Não Uniforme	Luz directa intensa vinda de cima
Descontraído	Não Uniforme	Iluminação superior mais baixa com alguma iluminação no perímetro da sala, tons de cor quentes
Clareza visual	Uniforme	Luz brilhante no plano de trabalho com menos luz no perímetro, iluminação de parede, tons de cor mais frescos

Spaciousness	Uniforme	Luz brilhante com iluminação nas paredes e possivelmente no tecto
Privacidade/Intimida de	Não Uniforme	Baixo nível de luz no espaço de actividade com um pouco de iluminação perimetral e áreas escuras no resto do espaço

Dependendo da sua distribuição vertical da luz, as luminárias estão divididas em quatro tipos básicos:

- Luminárias de corte total: um máximo de 10% do total de lúmenes da lâmpada são emitidos num ângulo de 80° acima do limite inferior, e 0% num ângulo de 90° acima do limite inferior.

- Luminárias de corte: um máximo de 10% do total de lúmenes da lâmpada são emitidos num ângulo de 80° acima do limite inferior, e 2,5% num ângulo de 90° acima do limite inferior.

- Luminárias semi-cortadas: um máximo de 20% do lúmen total da lâmpada pode ser percebido num ângulo de 80° acima do limite inferior, e 5% num ângulo de 90° acima do limite inferior.

- Luminárias não cortadas: emitem luz em todas as direcções. Esta definição tradicional de corte é alargada a seis classes de intensidade luminosa diferentes na EN 13201-2, que também inclui valores máximos para um ângulo de 70° e superior (como classes de escudo apresentadas na Tabela 9) [19].

A transgressão da luz é um caso particular de poluição quando a luz derrama sobre as propriedades circundantes. Uma forma adicional de invasão de luz é quando a visão directa de luminárias brilhantes das direcções normais de visão causa incómodo, distracção ou desconforto. É uma componente da luz intrusiva (ver Figura 15), juntamente com o brilho e o brilho do céu, mas é apresentada de forma distinta porque muitos autores a confundem com excesso de iluminação e porque, entre todas as formas de poluição luminosa, tem apenas um efeito directo sobre a intimidade humana e sobre o seu espaço pessoal. Pode ser apreciada como um caso particular de derrame de luz.

CAPÍTULO 4. REDUÇÃO DA POLUIÇÃO LUMINOSA ATRAVÉS DE UM DESIGN DE ILUMINAÇÃO PÚBLICA SUSTENTÁVEL

4.1. Iluminação centrada humana

A Iluminação Centrada Humana (HCL) expressa o efeito visual e não visual positivo da luz e da iluminação sobre a saúde, o bem-estar e o desempenho dos seres humanos e, portanto, tem benefícios tanto a curto como a longo prazo.

A luz percebida pelo olho do observador deve ter o triplo efeito positivo:

* Luz para funções visuais

  - Iluminação da área de tarefas em conformidade com as normas relevantes

  - Sem gargarejos e conveniente

* Luz para percepção emocional

  - Arquitectura de melhoramento da iluminação

  - Criação de cenas e efeitos

* Efeitos biológicos criadores de luz

  - Apoiar o ritmo circadiano das pessoas

  - Estimulante ou relaxante [52].

A iluminação centrada no ser humano, também conhecida como iluminação integradora, é um conceito destinado a descrever soluções de iluminação que considera os elementos tradicionais de qualidade que estão enraizados na visão humana, ao mesmo tempo que incorpora novos conhecimentos sobre os efeitos não-visuais da luz. Recentemente, Houser et al. [53] delinearam o aumento da iluminação centrada no ser humano e aconselharam muito claramente do ponto de vista da utilidade que a luz continua a ser para a visão e a iluminação para a visibilidade, conforto visual e amenidade visual. O trabalho afirma que a iluminação centrada no ser humano não é uma característica do produto, e que os produtos de iluminação que afirmam melhorar o sono ou o desempenho devem ser encarados com cepticismo [54]. A nova consciência e responsabilidade pela forma como a luz e a iluminação influenciam as respostas não visuais nos seres humanos leva a soluções de design de iluminação com maior contraste entre o dia e a noite. As respostas circadianas, neuroendócrinas e neurocomportamentais são importantes para a saúde humana e devem ser consideradas em paralelo com as respostas visuais. Arquitectos, profissionais de iluminação, fabricantes de equipamento de iluminação, profissionais médicos, proprietários de edifícios e indivíduos têm todos um interesse, mas quem deve orientar as decisões e em que proporção? Uma vez que nenhuma das normas de iluminação aplicáveis introduziu regulamentos para iluminação biologicamente eficaz (cobrindo todo o processo de consenso exigido pela ANSI, ISO, ou IEC), a norma WELL Building v2 [55] e a UL Design Guideline 24480 [56] podem ser apropriadas para alguns projectos de iluminação centrada no ser humano.

4.2. Soluções

Uma tentativa de limitar e controlar os efeitos nocivos da iluminação é dada pela iluminação inteligente das ruas que ajusta o brilho dos faróis de acordo com o movimento dos peões, ciclistas e carros. Com a ajuda de controladores inteligentes de iluminação pública e portões, juntamente com software de gestão de iluminação pública, a administração municipal ou os operadores de iluminação podem controlar sem esforço a iluminação pública de acordo com as necessidades específicas. Isto significa que quando a necessidade de iluminação é baixa, por exemplo, durante as horas entre a meia-noite e as cinco da manhã, quando quase não há ninguém por perto, os faróis podem ser programados para queimar a um baixo nível de luminosidade. Pode reduzir substancialmente a poluição luminosa, aumentar a poupança de energia e inibir as emissões de CO_2.

A solução inteligente de iluminação pública baseada em sensores escurece os faróis quando ninguém é detectado, mas ilumina os faróis a um nível pré-definido quando a presença humana é detectada. Assim, uma solução de iluminação pública tão inovadora poupa radicalmente energia, reduz as emissões de CO2 e limita a poluição luminosa, mantendo ao mesmo tempo a segurança e a satisfação dos cidadãos no centro.

Na sequência dos debates na Austrália (no âmbito das National Light Pollution Guidelines for Wildlife), foram identificados 6 métodos simples para reduzir esta poluição sem afectar a segurança física do indivíduo:

a) A luz é utilizada apenas quando é necessária e apenas para um fim específico, caso contrário é possível mudar para a escuridão natural.

b) Utilizando controlos de iluminação inteligentes - os avanços na tecnologia de controlo inteligente facilitam a gestão da quantidade de luz que precisa de ser utilizada. Investir em tecnologia LED e controlos inteligentes significa gerir as luzes à distância, definir temporizadores, activar a iluminação do sensor de movimento e controlar a cor da luz emitida.

c) Manter as luzes perto do solo, apontadas e protegidas - isto é especificado pelo facto de que qualquer luz que derrame fora da área especificada é luz desnecessariamente desperdiçada. A luz submersa contribui directamente para o clarão artificial que pode ser detectado nas áreas urbanas a partir de fontes de luz acumulada. A instalação de escudos de luz permite que a luz seja direccionada para baixo resultando na redução do brilho nocturno e direccionando a luz para a área especificada, os escudos são recomendados para qualquer instalação de iluminação exterior.

d) Para utilizar a menor intensidade de luz - recomenda-se ter em conta o fluxo luminoso emitido em detrimento da energia eléctrica consumida. Por exemplo, os LED são considerados uma opção amiga do ambiente porque são eficientes em termos energéticos e produzem 2 ou 5 vezes mais luz do que as lâmpadas incandescentes para a mesma quantidade de electricidade.

e) Utilização de superfícies escuras não reflectoras.

f) Utilização de luz com comprimentos de onda reduzidos ou filtrados de azul, violeta e ultravioleta, uma vez que são a causa da maioria dos danos oculares no espectro da radiação luminosa. O ozono na atmosfera filtra a maior parte da radiação com um comprimento de onda inferior a 290 nm. A danificação desta camada significa que as pessoas podem entrar em contacto com uma maior quantidade de raios UV do que no passado, independentemente da fonte de luz - natural ou artificial. No entanto, entre 1 e 3% dos raios UV atingem o nível dos olhos.

g) Aplicação e conformidade com indicadores-chave de desempenho (KPI) de iluminação, como ferramenta mensurável para avaliar a eficiência das características técnicas assumidas como cumpridas pelo sistema. Os indicadores não devem representar um objectivo, mas devem ser considerados como uma ajuda à gestão, o que deverá conduzir a um plano de melhoria. Os KPI devem ser vistos no seu contexto local e são mais significativos como uma comparação ao longo do tempo dentro de um mesmo projecto do que como uma comparação entre projectos semelhantes.

4.2.1. KPI para iluminação pública

Como muitas cidades começam a concentrar-se em factores ambientais como a poupança de energia, a redução das emissões de aquecimento climático, é o contexto favorável para a integração de medidas quantificáveis para reduzir a poluição luminosa nas zonas urbanas. Os indicadores-chave de desempenho (KPI) estabelecem genericamente as condições que devem ser respeitadas pelos operadores, na prestação de serviços de iluminação pública. Os indicadores de desempenho asseguram as condições que devem ser cumpridas pelo serviço de iluminação pública considerado:

a) a continuidade de um ponto de vista quantitativo e qualitativo;

b) adaptações às exigências concretas, diferenciadas no tempo e no espaço da comunidade local;

c) a satisfação criteriosa, justa e não preferencial de todos os membros das comunidades locais, na sua qualidade de utilizadores do serviço;

d) administração e gestão do serviço, no interesse das comunidades locais;

e) conformidade com regulamentos específicos no domínio do transporte, distribuição e utilização de electricidade;

f) o cumprimento das normas mínimas relativas à iluminação pública, previstas pelas normas nacionais neste domínio.

Os indicadores de desempenho para o serviço de iluminação pública são específicos para as seguintes actividades:

a) a qualidade e eficiência do serviço de iluminação pública;

b) a contratação do serviço de iluminação pública;

c) medição, facturação e cobrança da contrapartida pelo serviço realizado;

d) o cumprimento das disposições do contrato relativas à qualidade do serviço prestado;

e) manter relações justas entre o operador e o utilizador através da resolução operativa e objectiva dos problemas, respeitando os direitos e obrigações de cada parte;

f) resolução de reclamações dos utilizadores relativamente ao serviço de iluminação pública;

g) aumentar o grau de segurança rodoviária;

h) diminuição da criminalidade.

A fim de controlar o cumprimento dos indicadores de desempenho, o operador deve assegurar-se:

a) gestão dos serviços de iluminação pública, de acordo com as disposições contratuais;

b) registos de utilizadores, que não a comunidade local;

c) actividades de registo relativas à leitura do equipamento de medição, facturação e recolha do valor dos serviços realizados;

d) registo das queixas e relatórios dos utilizadores, órgãos policiais e polícia comunitária e sua resolução;

e) acesso ilimitado da autoridade central e local da administração pública, de acordo com as suas competências e atribuições legais, às informações necessárias para estabelecer:

1. a forma de respeitar e cumprir as obrigações contratuais assumidas;

2. A qualidade e eficiência dos serviços prestados/prestados ao nível dos indicadores de desempenho estabelecidos nos contratos de delegação de gestão e no regulamento de serviços;

3. O modo de administração, exploração, preservação e manutenção em funcionamento, desenvolvimento e/ou modernização dos sistemas de iluminação pública das infra-estruturas urbanísticas confiadas pelo contrato de delegação de gestão;

4. A forma de formação e estabelecimento de tarifas para os serviços de iluminação pública;

5. a fase de realização dos investimentos;

6. a forma de respeitar os parâmetros exigidos pelas prescrições técnicas e anomalias metrológicas.

Os indicadores de desempenho mínimo, geral e garantido para os serviços de iluminação pública são estabelecidos num anexo que é parte integrante da própria regulamentação e são estabelecidos de acordo com as particularidades de cada projecto.

4.2.2. Estabelecimento dos limites admissíveis para os parâmetros de iluminação essenciais

Como mencionado nas secções anteriores, os efeitos de iluminação defeituosa, especialmente a poluição luminosa, são gerados ou por valores excessivos dos parâmetros luminosos (fluxo, luminância, iluminação, uniformidade), ou por citações erradas na geometria da instalação de iluminação (ângulos, saliência, alturas).

O nível mínimo de iluminação necessário para criar um ambiente seguro e protegido para uso humano deve ser utilizado em todos os casos. As recomendações IESNA RP-33-99 para restrições de iluminação, dependendo da categoria da área ou do ambiente específico, são semelhantes às da tabela 4. As recomendações de acordo com a norma EN 13201, sobre classes, estão listadas no Anexo 1. Adicionalmente, o Quadro 11 apresenta os níveis de iluminação aprovados para vias pedonais (uma vez que devem ser abordadas necessidades particulares). Devem ser consideradas características tais como escadas, rampas, pontes e túneis para peões, e variações nas superfícies dos caminhos, tais como terreno irregular, rocha britada, lascas de madeira, pavimento ou betão.

Tabela 11 - Iluminação recomendada para passadiços e ciclovias [57]

Classificação de percursos pedonais e ciclovias	Níveis médios mínimos de iluminação horizontal no pavimento [lx]	Níveis médios de iluminação vertical para segurança especial dos peões [lx]
Calçadas (beira de estrada) e ciclovias de tipo A		
Áreas comerciais	10	20
Áreas intermédias	5	10
Áreas residenciais	2	5
Percursos pedonais distantes das estradas e ciclovias de tipo B		
Percursos pedonais e ciclovias	5	5

| Escadas de pedestres | 5 | 10 |
| Túneis para peões | 20 | 55 |

O paisagismo (paisagem suave e difícil) é uma parte real e integral do problema e do solutlon. As áreas de softscape incluem parques, áreas de jardim, e características da terra, tais como água. Controlar o encandeamento é uma questão importante na concepção de iluminação de paisagens de softscape. Hardscape é uma categoria especial de paisagismo que está associada a características arquitectónicas de fontes, escultura, e caminhos percorridos. A concepção da iluminação em ambos os casos deve ser planeada para coordenar e complementar as características da paisagem, satisfazendo ao mesmo tempo as necessidades funcionais das actividades de passadiço e ciclovia.

Também, a fim de ajudar a organizar e normalizar a distribuição da luz de projectores e luminárias direccionais semelhantes, foram estabelecidos tipos de classificação NEMA (National Electrical Manufacturers Association) - Figura 18. As distribuições NEMA são tipicamente descritas tanto pela distribuição horizontal como vertical do feixe de luz de uma luminária. Essa dispersão do feixe sugere dois planos de luz onde a intensidade é 10% do máximo (perto do feixe central) da luz. A isto também se chama o "ângulo de campo". Se apenas for dado um número, então a distribuição é considerada simétrica.

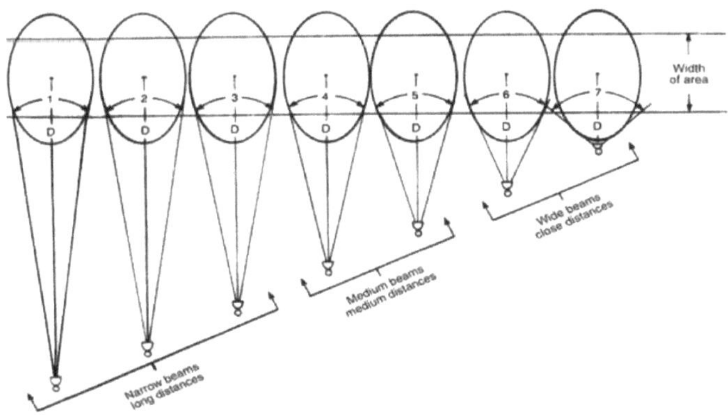

Figura 18 - Tipos de holofotes relacionados com a distribuição da luz / ângulo de campo

A classificação dos feixes inclui 7 ângulos de campo que vão desde os focos de luz muito estreitos até aos padrões de inundação muito largos, tal como listados abaixo.

Ângulo de Campo (Graus)	Tipo NEMA	Descrição
<10 até 18	1	Muito estreito
>18 até 29	2	Estreito
>29 até 46	3	Médio Estreito
>46 até 70	4	Médio
>70 até 100	5	Médio Largo
>100 até 130	6	Wide
>130 e acima	7	Muito Largo

A uniformidade da iluminação pode nem sempre ser uma solução estética e apropriada para a iluminação pública. Como regra, os rácios de uniformidade não devem exceder 10:1 máximo a mínimo para zonas adjacentes.

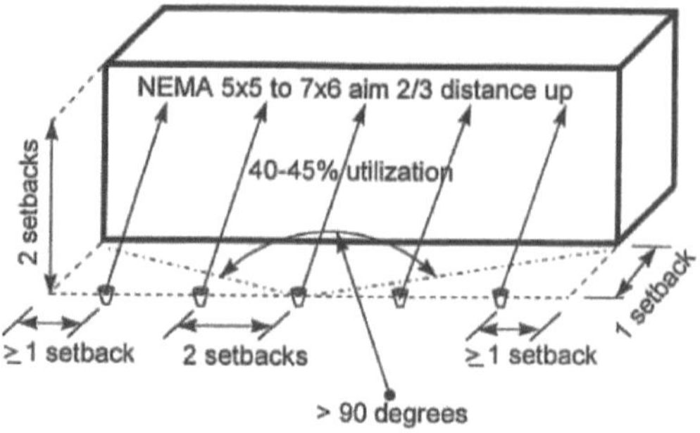

Figura 19 - Geometria recomendada para uma iluminação uniforme [58]

Limitar o derramamento de luz através das linhas de propriedade. Os níveis de luz na linha do imóvel não devem exceder 1lx ao lado de propriedades comerciais, e 0,5 lx nos limites de propriedades residenciais. Dispositivos de iluminação alugados em postes de serviços públicos no direito de passagem público ou em linhas de propriedades não devem ser utilizados em propriedades privadas devido a excesso de luz "spill light".

Além destes, The Dark Sky Society recomenda que se tenha cuidado também para identificar onde e quando é necessária iluminação, seleccionar a fonte de luz correcta, minimizar a luz azul (onde é possível instalar luminárias com CCT<3000 K), realizar inspecções pós-instalação, utilizar controlos automáticos como sensores, temporizadores, detectores de movimento [59]. Por exemplo, se for utilizado um sistema de gestão à distância, é aplicado um programa de redução do consumo e do fluxo luminoso como se segue:

- Se a hora de ignição estiver marcada antes das 22.00, e a classe do sistema de iluminação for C2 - 100%;

- 22,00 -> 23,00, Iluminação funciona com uma classe inferior C3 - 75%;

- 23,00 -> 5,00, Iluminação funciona com 2 classes inferiores C4 - 40-50%;

- 5.00h -> 6.00h, Iluminação funciona com uma classe inferior C3 - 75%;

- 6:00 a.m. -> hora de desligar, A iluminação funciona na classe inicial C2 - 100%.

Os horários de iluminação representam o método mais fácil de mitigar a poluição luminosa. A iluminação exterior é muitas vezes deixada ligada durante toda a noite. Os horários de iluminação ditam os horários em que a iluminação exterior é permitida. Os benefícios de um horário de iluminação são muitos, desde a redução de custos e aumento da vida útil da luminária até à completa eliminação da poluição luminosa quando as luzes são desligadas. Há muitas maneiras de conceber um horário de iluminação; o que é melhor para uma localidade depende das exigências da actividade humana. A tecnologia permite-nos controlar a iluminação exterior de acordo com a procura. A instalação de detectores de movimento ajudará a assegurar que apenas a área necessária a ser iluminada permaneça iluminada durante toda a actividade. A iluminação LED permite um grau de controlo mais fino em oposição às lâmpadas HPS ou de iodetos metálicos. Os LEDs compatíveis podem ser facilmente diminuídos quando não estão a ser utilizados ou durante períodos de baixa procura. O olho humano é mais do que capaz de se adaptar a níveis mais baixos de luz quando a iluminação é escurecida [60].

Deve ser dada especial atenção à *luz azul*, uma vez que tem os impactos mais negativos tanto para a saúde humana como para o ambiente natural. A iluminação exterior deve concentrar-se na redução e exclusão total dos comprimentos de onda azuis.

Foi adoptado um novo método para descrever os espectros das lâmpadas. O CCT não descreve adequadamente o espectro de uma lâmpada, uma vez que o CCT não está correlacionado com a quantidade de luz azul. O índice Spectral G quantifica a quantidade de luz azul por lúmen a partir de uma fonte de luz [60]. Esta variável que foi desenvolvida para quantificar a quantidade de luz de comprimento de onda curto numa fonte de luz visível em relação à sua emissão visível (é uma medida da quantidade de luz azul por lúmen). Quanto menor for o índice G, mais luz azul, violeta ou ultravioleta uma lâmpada emite em relação à sua emissão total. Pode ser calculada como:

$$G = -2.5 \, log_{10} \frac{\sum_{380nm}^{500nm} E(\lambda)}{\sum_{380nm}^{780nm} E(\lambda) \cdot V(\lambda)}$$

Onde λ é o comprimento de onda da luz em nanómetros, E é a distribuição da potência espectral da lâmpada e $V(\lambda)$ é a função de luminosidade. Como exemplo, o LED com 2500 CCT tem um índice G de 2,02, 3000 K corrsponds a 1,6 G-index, 4000 K a 1,06.

Zona ambiental	Índice Espectral G
E1, E2 e E3 dentro de E1	≥ 2
E3	≥ 1.5
E4	≥ 1

Esta definição para o índice espectral G tem vários enredos. Por exemplo, G pode ser calculado a partir de qualquer espectro de lâmpada, independentemente das unidades de medida utilizadas para expressar a intensidade. O índice espectral G não é referido a nenhuma fonte padrão: para o seu cálculo, o próprio espectro da lâmpada actua como auto-calibrador. G é fácil de calcular, porque os dados já produzidos e utilizados em laboratórios para deduzir CRI, CCT, etc., são mais do que suficientes para encontrar o valor G para qualquer lâmpada. O carácter logarítmico da escala facilita a comparação de lâmpadas por meio de simples adições e subtracções. Além disso, esta escala logarítmica é a mesma já utilizada em astronomia, o que significa que as unidades são as mesmas apresentadas nos estudos sobre poluição luminosa para a medição do brilho do céu em magnitudes por arco quadrado, estudos que já estão a entrar no campo da análise da cor, o que conduz, da forma mais natural, exactamente à mesma escala utilizada para definir G.

4.3. Design de iluminação pública

O futuro cenário de iluminação urbana prevê três profissionais que partilham responsabilidades entre si. Cada um possui uma combinação única de competências em iluminação e/ou conhecimento de projectos que aumenta a possibilidade de apresentar soluções de sucesso em diferentes níveis de responsabilidade para um domínio público na cidade. Um **designer de iluminação urbana** (ULD) é um profissional independente que trabalha no campo do design urbano a nível da cidade, concentrando-se na ligação entre os edifícios e os espaços criados no meio. Têm conhecimento da estrutura espacial urbana e do design físico e da forma como as cidades trabalham, conhecimento da elaboração de planos e avaliação de projectos, e uma compreensão dos programas, processos e regulamentos locais, estatais e governamentais. No seu trabalho, enquanto desenvolvem o plano director global de iluminação urbana, ou projecto específico de iluminação urbana, a ULD, para além do aspecto criativo, deve também considerar uma vasta gama de questões frequentemente conflituosas, tais como sustentabilidade, poluição luminosa, tecnologia de iluminação, saúde e bem-estar humano, aspectos ambientais, códigos energéticos, legislação e códigos de zoneamento. CIE [61] fornece orientação sobre os objectivos e princípios subjacentes relacionados com os aspectos de iluminação da paisagem nocturna urbana, juntamente com os critérios de planeamento de iluminação que devem ser considerados quando se tomam iniciativas em relação a iluminação nova ou existente em áreas urbanas ou em conurbações recentemente planeadas. Em contraste, um **designer de iluminação arquitectónico** (ALD) é um profissional independente que se preocupa com a concepção de sistemas de iluminação a nível do edifício, incluindo luz natural e/ou luz eléctrica, interna e externamente, para servir as necessidades humanas. Tanto a ULD como a ALD caracterizam-se pela total independência na escolha de produtos para um determinado projecto, incluindo luminárias, fontes de luz e controlo de iluminação, de modo a encontrar a solução e as ferramentas mais adequadas. Ao aderir à Associação Internacional de Designers de Iluminação (IALD) - a mais antiga organização internacionalmente reconhecida dedicada exclusivamente às preocupações dos designers de iluminação independentes e profissionais - os profissionais são obrigados a declarar por escrito que não obterão benefícios financeiros sob qualquer outra forma que não seja a remuneração prevista no contrato com o investidor/cliente. Não devem receber qualquer recompensa dos fabricantes de iluminação em troca de trazerem os produtos de um fabricante de iluminação específico para as especificações finais do projecto. O participante final da equipa - **o urban lighting planner** (ULP) - trabalha para uma instituição (como o departamento de planeamento no governo local) ou uma organização de planeamento (como uma Agência de Desenvolvimento local financiada pelo governo) e é responsável pela elaboração de políticas a um nível elevado, considerando o quadro regulamentar que controla as relações entre espaço público e privado. Idealmente, trazem ao projecto um conhecimento considerável da teoria, princípios e técnicas da profissão de planeamento e do processo de desenvolvimento, bem como uma compreensão das leis estatais e locais, e das portarias e códigos relativos a uma grande variedade de tópicos de planeamento. Avaliam também a legislação relacionada com o planeamento e são responsáveis pela aprovação de aplicações de planeamento para projectos de iluminação exterior urbana e arquitectónica [62].

Os principais objectivos de um projecto de iluminação pública são:

1. melhorar a segurança e o conforto dos cidadãos à noite, levando a iluminação rodoviária e pedonal aos valores quantitativos e qualitativos das prescrições nacionais e internacionais no terreno.

2. limitar o impacto sobre o ambiente:

o escolhendo produtos que utilizam menos matéria-prima, produtos feitos de materiais recuperáveis;

o uma redução do consumo de electricidade e, implicitamente, de gases com efeito de estufa (por exemplo, CO_2);

o limitar a poluição luminosa, alcançando iluminação de qualidade, no sentido de direccionar a luz apenas para o local onde é necessária e apenas para onde é desejada (ver situações comparáveis na Figura 20);

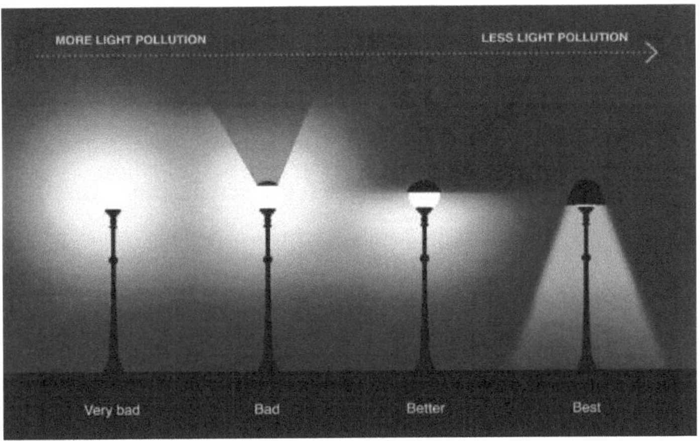

Figura 20 - Emissão a partir de luminárias, nenhuma de totalmente protegida ou cortada [63]

o uma atenção prestada à durabilidade do produto visto como um serviço e não apenas como um objecto, através da utilização de aparelhos de iluminação que permitem a optimização das despesas de manutenção.

3. a realização de um sistema de iluminação coerente à escala de todo o espaço público, através da integração de funções de iluminação pública:

• desempenho, satisfazendo a necessidade de segurança, segurança e conforto da forma correcta;

- eficiência energética, principalmente assegurando um nível mínimo de consumo de electricidade, sujeito ao cumprimento de todos os requisitos, pelos seguintes meios
  - o Dispositivos de iluminação com alta eficiência e baixos custos de manutenção, com um elevado grau de protecção e com características ópticas especiais, equipados com a fonte LED;
  - o Os componentes do sistema de iluminação serão executados de acordo com as normas em vigor. Além disso, os dispositivos de iluminação terão de ser acompanhados por:
    - Certificados de conformidade emitidos por um organismo de certificação, acreditado por um organismo nacional de acreditação signatário (por exemplo, para a Europa é solicitado o EA - MLA para a avaliação da conformidade da categoria de produto);
    - Declarações de conformidade emitidas pelo fabricante sob a sua própria responsabilidade, com prova de que o fabricante possui sistemas de gestão integrados (em conformidade com as normas da série ISO 9000 (sistemas de gestão da qualidade), ISO 14000 (protecção ambiental), ISO 18000 (saúde e segurança no trabalho)), certificados por um organismo de certificação acreditado por um organismo nacional de acreditação signatário EA - MLA para este tipo de actividades;
    - As declarações de conformidade emitidas pelo fabricante sob a sua própria responsabilidade devem ser acompanhadas de relatórios de ensaio emitidos por laboratórios acreditados em conformidade com a

norma ISO 17025 para testar estas categorias de produtos;

- Certificados de garantia emitidos pelo fabricante;
- Marca CE aplicada;
- Apresentação dos cálculos de iluminação para os aparelhos de iluminação propostos na oferta. Para verificar os cálculos de iluminação, a matriz de cálculo deve ser apresentada em formato "LDT" ou "IES"[2] .

o Um aspecto particularmente importante para apreciar uma solução técnica será a potência eléctrica instalada dos aparelhos de iluminação. Obrigatório, isto será calculado por cada proponente.

O processo de concepção da iluminação pública é, portanto, complexo e interdisciplinar. A teoria propõe duas abordagens: em 7 etapas (identificar os requisitos, determinar o método de iluminação, seleccionar o equipamento de iluminação, calcular os parâmetros de iluminação e ajustar a concepção conforme necessário, determinar o sistema de controlo, escolha da luminária, inspeccionar a instalação após a conclusão) ou por fases (conforme apresentado na Figura 21).

[2] IES e LDT (EULUMDAT) são ficheiros de texto que descrevem o padrão de feixe de uma fonte de luz. Podem ser utilizados como entradas em vários programas gratuitos de análise óptica para calcular os padrões de intensidade luminosa de cenas de iluminação complicadas. Em contraste com os ficheiros de raios, os ficheiros IES/LDT têm um grande número de recursos gratuitos que podem ser encontrados na web.

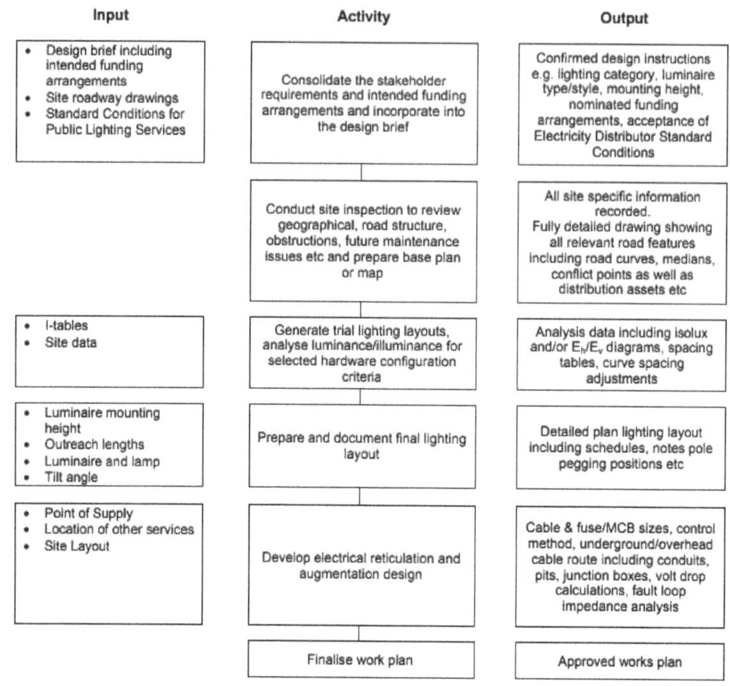

Figura 21 - Visão geral do processo de concepção da iluminação pública [64]

4.4. Exemplos de boas práticas

Uma vez que o brilho directo, a poluição luminosa e a invasão da luz são frequentemente os aspectos mais controversos da iluminação exterior e mais frequentemente necessitados de mediação municipal, estes são os elementos mais críticos de uma portaria de iluminação. No Plano de Acção contra a Poluição Zero, um dos principais resultados do Acordo Verde Europeu adoptado pela Comissão Europeia em 2021, a poluição luminosa é designada como um poluente de preocupação emergente e a sua investigação deve ser apoiada através da Horizon Europe. Os poluentes de preocupação emergente, incluindo a poluição luminosa, serão incluídos no Quadro de Monitorização e Perspectivas de Poluição Zero e, assim, traduzidos em recomendações políticas. Em 2022, durante o Workshop sobre Poluição

Ligeira em Brno, República Checa, foi apresentado um relatório sobre as iniciativas dos países europeus em relação à poluição luminosa. A síntese (Figura 22) revela que a maioria dos países começou a tomar medidas para combater a poluição luminosa a nível nacional. Estas medidas compreendem principalmente legislação, estratégias, normas técnicas, medidas voluntárias que visam manuais ou directrizes de sensibilização, projectos de investigação ou áreas de céu negro [65]. Tendo uma série de recomendações e planos da UE, várias cidades começaram a implementar medidas directas para reduzir a poluição luminosa ou como parte do conceito de cidade inteligente.

Uma boa prática da *França*, apresentada como parte do projecto Blue Green City, mostra uma abordagem que parece conduzir a um aumento bem sucedido das populações locais de morcegos. *Nice Côte d'Azur*, no sudeste da França, compreende 51 comunas e o seu rico património cultural e impressionante ambiente natural fazem dela um destino de férias popular. Há vinte e nove espécies de quiropteranos presentes no território da Cote d'Azur de Nice, onze das quais são particularmente sensíveis às perturbações da luz (o estado de conservação regional é muito elevado para duas espécies e elevado para quatro espécies). A Metropolis iniciou um estudo, a fim de determinar quais são as zonas de morcegos mais afectadas pela luz artificial. Foram identificadas onze zonas de perturbação da luz, cinco das quais têm um estatuto de conservação de alta prioridade. A Metrópole, que inclui 51 municípios, iniciou até agora medidas para combater a poluição luminosa em 23 municípios, e mais 12 municípios manifestaram o desejo de trabalhar sobre o assunto, incluindo a cidade de Nice.

Country	Legislation[1]	Standard	Manual[2]	Other[3]
Austria	X	✓	✓	✓
Belgium	X	✓	✓	✓
Bulgaria	X	✓	X	X
Croatia	✓	X	X	✓
Cyprus	X	X	X	✓
Czech Republic	(✓)	(✓)	✓	✓
Denmark	(✓)	X	✓	✓
Estonia	X	X	X	✓
Finland	(✓)	X	(✓)	X
France	✓	X	X	✓
Germany	✓	X	✓	✓
Greece	✓	X	X	✓
Hungary	(✓)	X	✓	✓
Iceland	X	X	X	✓
Ireland	X	X	✓	✓
Italy	✓	✓	X	X
Latvia	(✓)	X	X	✓
Liechtenstein	X	X	X	✓
Lithuania	X	X	X	X
Luxembourg	X	X	✓	✓
Malta	✓	✓	(✓)	✓
Netherlands	(✓)	X	✓	✓
Norway	X	X	✓	X
Poland	X	X	X	✓
Portugal	X	X	✓	✓
Romania	X	X	X	✓
Slovakia	(✓)	X	X	✓
Slovenia	(✓)	X	✓	✓
Spain	✓	X	✓	✓
Sweden	✓	(✓)	✓	X
Switzerland	(✓)	✓	✓	✓
United Kingdom	✓	X	✓	✓

1 ✓ means that there is a designated legislative act (on local/ regional/ national level) addressing light pollution; (✓) means that there is no designated legislative act addressing light pollution, but provisions from other legislative acts can be used; X means that there is no legislation addressing light pollution
2 ✓ means that a guidebook/ manual for correct lighting has been issued in the country; (✓) means that a guidebook/ manual is underway; X means that no manual/ guidebook is existing or in preparation
3 Other means the Country has e.g. Dark Sky Area, specific projects, dedicated website.

Figura 22 - Estado da arte na adopção de medidas e leis para reduzir a poluição luminosa na Europa

A Metrópole começou a desenvolver medidas para alcançar:

- Redução da luz azul: optando por LEDs amarelos ou âmbar, cujos comprimentos de onda são conhecidos por terem um menor impacto nas espécies. Em média, custa entre 700 e 1000 euros para mudar um LED.

- Reorientação das luzes e alterações na sua altura para limitar o efeito de difusão. Os LED amarelos ou âmbar são orientados para o solo, assegurando que a luz não ilumina a vegetação, falésias ou rios.
- Desligar as luzes da rua - parcialmente das 23h às 5h, ou mesmo totalmente quando possível. O custo de instalação desta medida é de aproximadamente 100 euros por ponto de luz.
- Onde as luzes não são desligadas, reduzindo a potência de iluminação para metade a meio da noite, sem que isso seja visível para a população.
- Criação de barreiras de luz para proteger zonas particularmente sensíveis.

Em termos de poupança de energia, até Outubro de 2022, para as 60 comunas incluídas no projecto (das 23 comunas comprometidas até à data), foi poupado um total de mais de 1.500.000 kWh por ano, ou seja, mais de 250.000 euros de poupança por ano simplesmente com as medidas de desligamento parcial [66].

Na Roménia, o tema da poluição luminosa é relativamente novo e, até à data, não existe qualquer regulamentação que o aborde. No entanto, a Administração do Fundo do Ambiente gere um Programa de Aumento da Eficiência Energética das Infra-estruturas de Iluminação Pública, que tem como objectivo reduzir as emissões de gases com efeito de estufa através da utilização de aparelhos de iluminação LED mais eficientes do ponto de vista energético.

É ainda apresentado um estudo de caso realizado para uma pista de corrida numa área florestal em Iasi, Roménia, a fim de realçar a necessidade de redesenhar o sistema de iluminação. A simulação feita com a ajuda do software especializado DIALux visa, em primeiro lugar, avaliar o sistema de iluminação da pista de corrida, que tem um comprimento de 1,5 km. As luminárias Philips BGS224 LED 20W são instaladas em postes distribuídos de 15 a 15 m, a uma altura de montagem de 6m, com uma inclinação de 10^0. Capturas do relatório do projecto simulado com DIALux são expostas para afirmação.

PHILIPS BGS224 1xLLM1100/730 / Luminaire Data Sheet

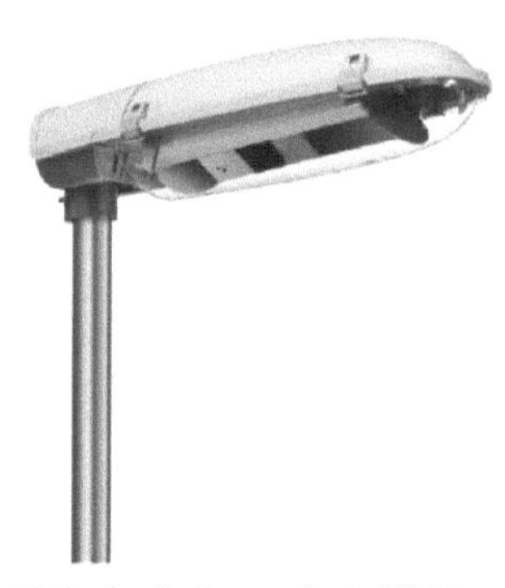

Luminous emittance 1:

Luminaire classification according to CIE: 99
CIE flux code: 31 69 94 99 83

Ciric / Photometric Results

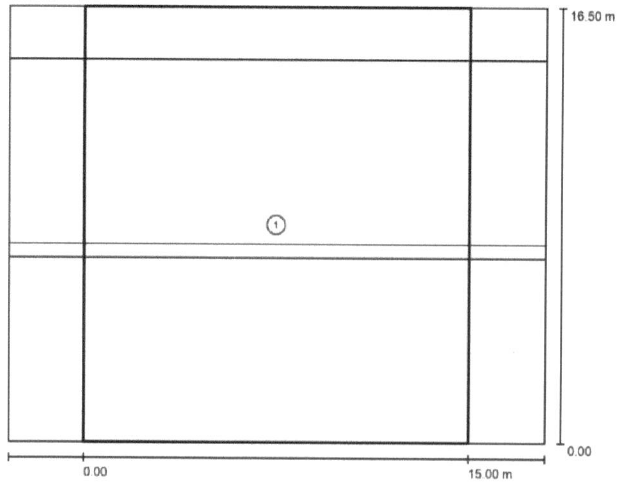

Light loss factor: 0.80

Scale 1:153

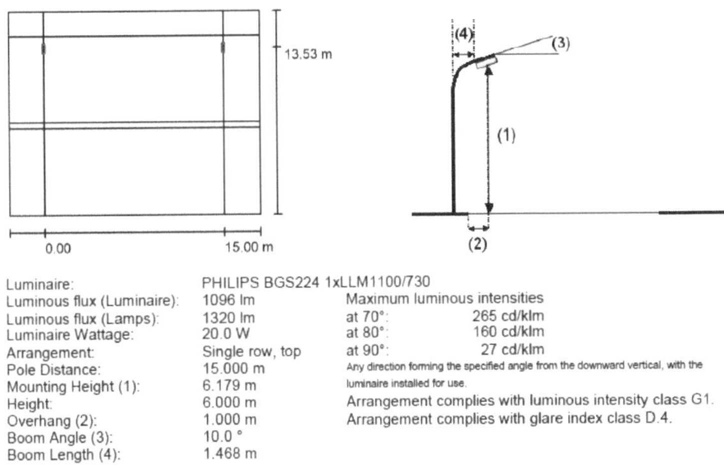

Luminaire:	PHILIPS BGS224 1xLLM1100/730	
Luminous flux (Luminaire):	1096 lm	Maximum luminous intensities
Luminous flux (Lamps):	1320 lm	at 70°: 265 cd/klm
Luminaire Wattage:	20.0 W	at 80°: 160 cd/klm
Arrangement:	Single row, top	at 90°: 27 cd/klm
Pole Distance:	15.000 m	Any direction forming the specified angle from the downward vertical, with the
Mounting Height (1):	6.179 m	luminaire installed for use.
Height:	6.000 m	Arrangement complies with luminous intensity class G1.
Overhang (2):	1.000 m	Arrangement complies with glare index class D.4.
Boom Angle (3):	10.0 °	
Boom Length (4):	1.468 m	

A simulação revelou que os valores de luminância não satisfaziam nenhum critério específico, como se pode ver abaixo. Por outro lado, os valores de luminosidade e uniformidade enquadram-se muito bem nas recomendações normativas.

Grid: 10 x 8 Points

L_{av} [cd/m²]	L_{min} [cd/m²]	L_{max} [cd/m²]
0.20	0.03	0.59

IES method: Luminance

	L_{av} [cd/m²]	L_{av}/L_{min}	L_{max}/L_{min}	$L_{v\,max}/L_{av}$
Calculated values:	0.2	6.5	18.8	0.4
Required values according to class:	≥ 0.6	≤ 3.5	≤ 6.0	≤ 0.3
Fulfilled/Not fulfilled:	✗	✗	✗	✗

	E_m [lx]	E_{min} [lx]	E_{min} (semicil.) [lx]
Calculated values:	2.93	1.20	0.68
Required values according to class:	≥ 2.00	≥ 0.60	≥ 0.50
Fulfilled/Not fulfilled:	✓	✓	✓

Para os valores de luminância, foi realizada uma avaliação adicional. Foram tiradas fotografias do sistema de iluminação de vários ângulos e processadas com software dedicado à avaliação qualitativa do ambiente de iluminação - Photolux. Para a precisão, foi utilizada a opção HDR: 3 fotografias foram tiradas rapidamente, com diferentes exposições, e depois combinadas pelo software da câmara numa única imagem. A fotografia final captura uma vasta gama de tons, desde sombras a destaques, mantendo as áreas expostas o mais preciso possível do conjunto original de fotografias, que se misturam entre si.

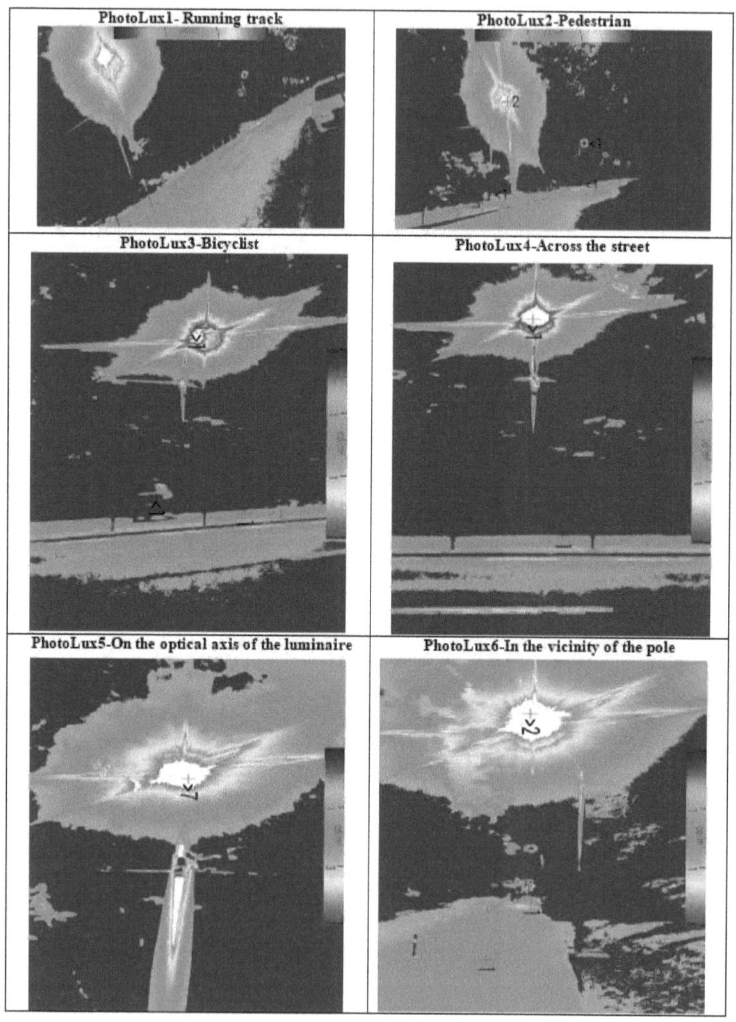

Pode ver-se pelas imagens tiradas no campo que o valor de luminância no plano de trabalho, respectivâmente na pista na vizinhança do pólo é de 1 cd/m2 como recomendado pela norma, mas no eixo óptico, o valor medido excede o limite. Pelo contrário, a gama dinâmica, ou seja, a relação mínimo/máximo dos valores de luminância simulados no programa DIALux está abaixo dos valores padrão, ou seja, em toda a superfície de corrida existem áreas onde a luz não brilha o suficiente.

Toda esta análise sublinha o facto de que o sistema de iluminação deve ser redesenhado, seguindo todos os critérios apresentados na secção anterior.

REFERÊNCIAS

1. International Dark Sky Association, Light Pollution
https://www.darksky.org/light-pollution/ acedido em 26.01.2023

2. A situação da poluição luminosa na União Europeia
http://www.savethenight.eu/Light%20Pollution%20in%20Europe.html acedido
em 26.01.2023

3. Reid, Kathryn J., e Phyllis C. Zee. "Circadian rhythm disorders". Seminários em
neurologia. Vol. 29. No. 4. 2009.

4. Stevens, Richard G. "Light-at-night, circadian disruption and breast cancer:
assessment of existing evidence". International Journal of Epidemiology 38.4
(2009): 963.

5. IARC Monographs on the Evaluation of Carcinogenic Risks to Humans,
Volume 98, Publications of the World Health Organization 2010, ISBN-13 978-
92-832-1598-1

6. Aljomaa, Suliman S., et al. "Vício em smartphones entre estudantes
universitários à luz de algumas variáveis". Computadores no Comportamento
Humano 61 (2016): 155-164.

7. Lissak, Gadi. "Efeitos fisiológicos e psicológicos adversos do tempo de rastreio
em crianças e adolescentes: Revisão literária e estudo de casos". Investigação
ambiental 164 (2018): 149-157.

8. Luigi, Mimosa, et al. "Largar luz sobre "o buraco": Uma revisão sistemática e
meta-análise sobre os efeitos psicológicos adversos e a mortalidade após o
confinamento solitário em ambientes correccionais". Fronteiras na Psiquiatria
(2020): 840.

9. Bedrosian, T A, e R J Nelson. "O tempo de exposição à luz afecta o humor e os
circuitos cerebrais". Translational psychiatry vol. 7, Nature, e1017. 31 Jan.
2017, doi:10.1038/tp.2016.262.

10. http://www.assembly.coe.int/nw/xml/XRef/Xref-XML2HTML-
en.asp?fileid=17923& acedido em 25.01.2023

11. https://eponline.com/Articles/2019/12/06/European-Union-Adopts-New-
Guidance-to-Reduce-Light-Pollution.aspx?Page=2 acedido em 22.01.2023

12. https://www.ncsl.org/research/environment-and-natural-resources/states-shut-
out-light-pollution.aspx acedido em 22.01.2023

13. https://www.who.int/news-room/fact-sheets/detail/road-traffic-injuries acedido
em 22.01.2023

14. Montoya-Alcaraz M, Mungaray-Moctezuma A, Calderón-Ramírez J, García L, Martinez-Lazcano C. Análise de Segurança Rodoviária de Estradas de Alto Risco: Estudo de caso em Baja California, México. *Segurança rodoviária*. 2020; 6(4):45. https://doi.org/10.3390/safety6040045

15. UNECE, Statistics of Road Traffic Accidents in Europe and North America, VOLUME LVI, 2021, ISBN: 978-92-1-117277-5.

16. https://www.lighting.philips.com/main/support/connect/lighting-technology/lighting-design-and-quality/shining-the-right-light

17. EN 15193:2007 Standard, Desempenho energético dos edifícios - Requisitos energéticos para a iluminação.

18. Alicia C. Allan, Veronica Garcia-Hansen, Gillian Isoardi & Simon S. Smith (2019) Subjective Assessments of Lighting Quality: A Measurement Review, LEUKOS, 15:2-3, 115-126, DOI: 10.1080/15502724.2018.1531017

19. Directrizes de Aquisição e Design da UE para Iluminação de Rua LED, Ref. Ares(2017)5874064 - 30/11/2017, - Agência Austríaca de Energia

20. https://new.abb.com/low-voltage/news/news-archive/climate-for-change-in-street-lighting

21. Norma EN 13201-2

22. Juntunen E, Tetri E, Tapaninen O, et al. Uma luminária LED inteligente para poupança de energia na iluminação de estradas pedonais. Investigação e tecnologia de iluminação. 2015;47(1):103-115. doi:10.1177/1477153513510015

23. Thorn Lighting, Recommendations for Good Lighting Handbook, pp. 30-31

24. Interreg Europa Central, Selecção de aulas de iluminação. Uma análise comparativa, versão 1 09-2017.

25. Bellido-Outeiriño, F. J., Quiles-Latorre, F. J., Moreno-Moreno, C. D., Flores-Arias, J. M., Moreno-García, I., & Ortiz-López, M. (2016). Sistema de controlo da iluminação pública baseado na comunicação sem fios sobre o protocolo DALI. *Sensores*, *16*(5), 597.

26. IES TM 23-11 - Protocolos de Controlo IES

27. Zielinska-Dabkowska, K. M. (2019). Origens do plano director de iluminação urbana, definições, metodologias e colaborações. Em *Urban Lighting for People* (pp. 18-41). RIBA Publishing.

28. Saverio Caldani, Irene Macchiarelli, Andrea Romboli, Vincenzo Ippolito, The evolution of the street lighting market Report, 2019

29. https://intelilight.eu/smart-street-lighting/

30. https://www.marketsandmarkets.com/Market-Reports/smart-lighting-market-985.html

31. Sánchez de Miguel, A.; Bennie, J.; Rosenfeld, E.; Dzurjak, S.; Gaston, K.J. First Estimation of Global Trends in Nocturnal Power Emissions Revele Aceleration of Light Pollution. Remote Sens. 2021, 13, 3311. https://doi.org/10.3390/rs13163311

32. https://education.nationalgeographic.org/resource/light-pollution

33. Norma EN12464-2:2014, Luz e Iluminação - Iluminação de Locais de Trabalho, Parte 2: Locais de Trabalho ao Ar Livre

34. CIE, Guide on the limitation of the effects of the effects of obtrusive light from outdoor lighting installations, 2ª edição, CIE 150:2017 Divisão 4, ISBN: 978-3-902842-48-0.

35. Zielińska-Dabkowska, K. M., Xavia, K., & Bobkowska, K. (2020). Avaliação das acções dos cidadãos contra a poluição luminosa com orientações para iniciativas futuras. Sustentabilidade, 12(12), 4997.

36. https://aslcore.org/architecture/entries/?id=visual-pollution

37. Benfield, J. A., Nutt, R. J., Taff, B. D., Miller, Z. D., Costigan, H., & Newman, P. (2018). Um estudo de laboratório do impacto psicológico da poluição luminosa em parques nacionais. Journal of Environmental Psychology, 57, 67-72.

38. Serea, E., & Lucache, D. D. (2020, Outubro). Consequências do Uso Inapropriado da Iluminação Arquitectónica. In *2020 International Conference and Exposition on Electrical And Power Engineering (EPE)* (pp. 016-021). IEEE.

39. Mahoor, M., Hosseini, Z. S., Khodaei, A., Paaso, A., & Kushner, D. (2020). O estado da arte em sistemas inteligentes de iluminação pública: uma revisão. IET Cidades Inteligentes, 2(1), 24-33.

40. Sammarco, J. J., Mayton, A. G., Lutz, T., & Gallagher, S. (2011). Comparação do brilho do desconforto para várias lâmpadas LED com tampa. *IEEE Transactions on Industry Applications*, *47*(3), 1168-1174.

41. Fotios, S., & Kent, M. (2021). Medir o desconforto do brilho: recomendações de boas práticas. *Leukos*, *17*(4), 338-358.

42. Gago-Calderón, A., Hermoso-Orzáez, M. J., De Andres-Diaz, J. R., & Redrado-Salvatierra, G. (2018). Avaliação da uniformidade e melhoria do brilho com baixas perdas de eficiência energética em luminárias LED de iluminação pública utilizando coberturas difusas à base de poliamida sinterizada a laser. *Energias*, *11*(4), 816.

43. https://docs.agi32.com/AGi32/Content/adding_calculation_points/Calculations_UGR_Concepts.htm

44. Apresentação de Ronald Gibbons, Glare Modeling Flormulae, Virginia Tech Institute

45. Cavanagh, P., & Anstis, S. (2018). Padrões diamantados: Efeitos cumulativos de Cornsweet e brilho induzido pelo movimento. *i-Percepção*, *9*(4), 2041669518770690.

46. https://docs.agi32.com/AGi32/Content/adding_calculation_points/Calculations_Glare_Rating_Concepts.htm

47. Schmidt-Clausen, H.-J., & Bindels, J. T. H. (1974). Avaliação do encandeamento do desconforto na iluminação de veículos a motor. Lighting Research & Technology, 6(2), 79-88. doi:10.1177/096032717400400600204

48. https://entokey.com/light-adaptation-in-photoreceptors/

49. Efeitos fotobiológicos e poluição luminosa Humanos & animais, Apresentação Preparado pelo ISR - Universidade de Coimbra, Agosto 2017.

50. Codreanu, C., & Țurcanu, I. (2021). Principii ecologice de proiectare urbană. In Probleme actuale ale urbanismului şi amenajării teritoriului (pp. 31-36).

51. TCP, O Impacto Psicológico da Luz e da Cor

52. Al-Hallaj, S. 2018. The Lighting Handbook (6ª ed.). Áustria: Zumtobel Lighting GmbH Dornbirn,

53. Houser, K. W., Boyce, P. R., Zeitzer, J. M., & Herf, M. (2021). Iluminação centrada no ser humano: Mito, magia ou metáfora? *Lighting Research & Technology*, *53*(2), 97-118.

54. Houser, K. W., & Esposito, T. (2021). Iluminação centrada no ser humano: Considerações fundamentais e um processo de concepção em cinco etapas. Frontiers in neurology, 25.

55. Circadian Lighting Design, https://v2.wellcertified.com/en/v/light/feature/3

56. Laboratório de subscritores. Directrizes de desenho para promover a formação circadiana com luz para pessoas com um dia activo. UL Design Guideline 24480, Edição 1. Northbrook, IL: UL (2019).

57. IESNA DG-5-94, Iluminação recomendada para passadiços e ciclovias de classe 1.

58. https://www.takethreelighting.com/nema-beam-angles.html

59. Dark sky society, Guidelines for good exterior lighting plans 2020.

60. James Crymble, Guidelines for ecologically responsible lighting, Protecting the nocturnal environment of the Maltese Islands for seaabirds and beyond, 2020

61. CIE, A guide to urban lighting masterplanning, Div.4, CIE 234:2019, ISBN: 978-3-902842-16-9

62. Zielinska-Dabkowska, K. M. (2019). Origens do plano director de iluminação urbana, definições, metodologias e colaborações. Em *Urban Lighting for People* (pp. 18-41). RIBA Publishing.

63. https://www.archdaily.com/977131/how-to-reduce-light-pollution-with-street-light-design

64. Ergon Energy, Manual de design de iluminação pública. EX 00767 Ver 3

65. Ministério do Ambiente da República Checa. Medidas de redução da poluição luminosa na Europa
https://www.mzp.cz/C1257458002F0DC7/cz/news_20221027-/$FILE/Light_pollution_reduction_measures.pdf

66. https://www.interregeurope.eu/find-policy-solutions/stories/turn-the-lights-off-mitigating-the-impact-of-artificial-light

ANEXO 1 - CLASSES LUMINANTES E SUB-CLASSES

	Luminância			SR	Luzes de invalidez (TI)
	L_m	U_o	U_1		
ME1	≥ 2.0 cd/m2	≥ 0.40	≥ 0.70	≥ 0.50	$\leq 10\%$
ME2	≥ 1.5 cd/m2	≥ 0.40	≥ 0.70	≥ 0.50	$\leq 10\%$
ME3A	≥ 1 cd/m2	≥ 0.40	≥ 0.70	≥ 0.50	$\leq 15\%$
ME3B	≥ 1 cd/m2	≥ 0.40	≥ 0.60	≥ 0.50	$\leq 15\%$
ME3C	≥ 1 cd/m2	≥ 0.40	≥ 0.50	≥ 0.50	$\leq 15\%$
ME4A	$\geq 0,75$ cd/m2	≥ 0.40	≥ 0.60	≥ 0.60	$\leq 15\%$
ME4B	$\geq 0,75$ cd/m2	≥ 0.40	≥ 0.50	≥ 0.50	$\leq 15\%$
ME5	$\geq 0,5$ cd/m2	≥ 0.35	≥ 0.40	≥ 0.50	$\leq 15\%$
ME6	≥ 0.3 cd/m2	≥ 0.35	≥ 0.40	≥ 0.50	$\leq 15\%$
MEW1D	≥ 2 cd/m2	≥ 0.40	≥ 0.60	≥ 0.50	$\leq 10\%$
MEW1W	-	≥ 0.15	-	≥ 0.50	-
MEW2D	≥ 1.5 cd/m2	≥ 0.40	≥ 0.60	≥ 0.50	$\leq 10\%$
MEW2W	-	≥ 0.15	-	≥ 0.50	-
MEW3D	≥ 1 cd/m2	≥ 0.40	≥ 0.60	≥ 0.50	$\leq 15\%$
MEW3W	-	≥ 0.15	-	≥ 0.50	-
MEW4D	$\geq 0,75$ cd/m2	≥ 0.40	-	≥ 0.50	$\leq 15\%$
MEW4W	-	≥ 0.15	-	≥ 0.50	-
MEW5D	$\geq 0,5$ cd/m2	≥ 0.35	-	≥ 0.50	$\leq 15\%$
MEW5W	-	≥ 0.15	-	≥ 0.50	-

E_{min} - Iluminação mínima

E_m - manteve uma iluminação média

L_m - manutenção da luminância média

U_o - uniformidade geral

U_1 - uniformidade longitudinal

TI - incremento de limiar

SR - razão surround

	Iluminação horizontal		
	E_m	TI	U_o
CE0	≥ 50.0 lux	15	≥ 0.40

CE1	≥ 30.0 lux	15	≥ 0.40
CE2	≥ 20.0 lux	15	≥ 0.40
CE3	≥ 15.0 lux	20	≥ 0.40
CE4	≥ 10.0 lux	20	≥ 0.40
CE5	≥ 7.5 lux	20	≥ 0.40

	Iluminação horizontal		
	E_m	E_{min}	U_o
S1	$\geq 15,0$ lux ; $\leq 22,5$ lux	≥ 5.0 lux	-
S2	≥ 10.0 lux ; ≤ 15 lux	≥ 3.0 lux	-
S3	$\geq 7,5$ lux ; $\leq 11,25$ lux	≥ 1.5 lux	-
S4	≥ 5.0 lux ; ≤ 7.5 lux	≥ 1.0 lux	-
S5	≥ 3.0 lux ; ≤ 4.5 lux	$\geq 0,6$ lux	-
S6	≥ 2.0 lux ; ≤ 3.0 lux	$\geq 0,6$ lux	-

	Iluminação hemisférica	
	E_m	U_o
A1	≤ 5.0 lux	≥ 0.15
A2	≤ 3.0 lux	≥ 0.15
A3	≤ 2.0 lux	≥ 0.15
A4	≤ 1.5 lux	≥ 0.15
A5	≤ 1.0 lux	≥ 0.15

	Iluminação semicilíndrica
	E_{min}
ES1	≤ 10 lux
ES2	≤ 7.5 lux
ES3	≤ 5.0 lux
ES4	≤ 3.0 lux
ES5	≤ 2.0 lux
ES6	≤ 1.5 lux
ES7	≤ 1.0 lux
ES8	$\leq 0,75$ lux
ES9	≤ 0.50 lux

	Iluminação vertical
	E_{min}
EV1	≤ 50 lux
EV2	≤ 30 lux
EV3	≤ 10 lux
EV4	≤ 7.5 lux

EV5	≤ 5.0 lux
EV6	≤ 0,5 lux

Nota As áreas adjacentes devem ter um máximo de 2 classes de diferença de nível de iluminação da área principal (de referência).

Aula de iluminação	Iluminação horizontal média Eav in lx	Iluminação horizontal mínima Emin em lx	Iluminação horizontal mínima Emin em lx	Requisito adicional se reconhecimnto facial é necessário	
				Iluminação vertical mínima E v,min em lx	Iluminação semicilíndrica mínima E sc,min em lx
P1	15	3.0	20	5.0	3.0
P2	10	2.0	25	3.0	2.0
P3	7.5	1.5	25	2.5	1.5
P4	5.0	1.0	30	1.5	1.0
P5	3.0	0.6	30	1.0	0.6
P6	2.0	0.4	35	0.6	0.4

Se for preferível uma determinada medida de iluminação, as classes de iluminação alternativas são utilizadas da seguinte forma:

Uma classe (iluminância hemisférica) em comparação com a classe S (iluminância horizontal)

Classe de referência	S1	S2	S3	S4	S5	S6
Classe alternativa		A1	A2	A3	A4	A5

classe ES (iluminação semicilíndrica) e classe EV (iluminação vertical) em comparação com as classes CE e S (iluminação horizontal)

Classe de referência	CE0	CE1	CE2	CE3 S1	CE4 S2	CE5 S3	S4	S5	S6

Classe alternativa	ES1	ES2 EV3	ES3 EV4	ES4 EV5	ES5	ES6	ES7	ES8	ES9

Printed by Books on Demand GmbH, Norderstedt / Germany